不一样的数学故事

6

少军 张秀丽 米吉卡 主编

梦小得 著

U0304698

山东教育出版社

图书在版编目（CIP）数据

不一样的数学故事 . AR 动画视频书 . 6/ 少军、米吉卡、张秀丽主编 . —济南：山东教育出版社，2018（2021.1 重印）

ISBN 978-7-5701-0422-2

Ⅰ . ①不… Ⅱ . ①少… ②米… ③张… Ⅲ . ①数学 – 少儿读物 Ⅳ . ① O1-49

中国版本图书馆 CIP 数据核字（2018）第 223336 号

BU YIYANG DE SHUXUE GUSHI AR DONGHUA SHIPIN SHU 6

不一样的数学故事AR动画视频书 6　　　梦小得/著

主管单位：山东出版传媒股份有限公司

出 版 人：刘东杰

出版发行：山东教育出版社

地　　址：济南市市中区二环南路2066号4区1号　　　邮编：250003

电　　话：（0531）82092660

网　　址：www.sjs.com.cn

印　　刷：济南龙玺印刷有限公司

版　　次：2018年10月第1版

印　　次：2021年1月第4次印刷

开　　本：710mm×1000mm　　1/16

印　　张：9

印　　数：15001–20000

字　　数：60千

定　　价：30.00元

如印装质量有问题，请与印刷厂联系调换。印厂电话：0531 – 86027518

怪怪老师

性格：自称来自外太空最聪明最帅的一个种族（不过没人相信）。拥有神奇的能力，比如时空转移、与动物沟通、隐身等。他带领同学们告别枯燥的教室，在数学世界里展开一段又一段奇妙的魔幻探险。

星座：文武双全的双子座

爱好：星期三的午后，喝一杯自制的"星期三么么茶"。

性格：鬼马小精灵，班里的淘气包。除了学习不好，其余样样行。喜欢恶作剧，没一刻能安静下来，总是状况百出。不过，也正是因为有了他这样的开心果，大家才能欢笑不断。

星座：调皮好动的射手座

爱好：上课的时候插嘴；当怪怪老师的跟屁虫。

皮豆

蜜蜜

性格：乖巧漂亮的甜美女生，脾气温柔，讲话细声细气。爱心大爆棚，喜欢小动物，酷爱吃零食。男生们总是抢着帮她拎东西、买零食，是班里的小女神。

星座：喜欢臭美的天秤座

爱好：一切粉红色的东西，平时穿的衣服、背的书包、用的文具 …… 所有的一切都是粉色的。

性格：霸气外露的班长，捣蛋男生的天敌。女王急性子，遇到问题一定要立刻解决，所有拖拖拉拉、不按时完成作业、惹了麻烦的人都要绕着她走，不然肯定会被狠狠教训。班上的大事小事都在她的管辖范围之内。

星座：霸气十足的狮子座

爱好：为班里的同学主持公道，伸张正义。

女王

性格：明星一样的体育健将。长相
　　　俊朗帅气，又特别擅长体
　　　育，跑步快得像飞。平时虽
　　　然我行我素，不喜欢和任何
　　　同学交往过密，却拥有众多
　　　女生粉丝，就连"女汉子"女
　　　王跟他说话时都会脸红。

星座：外冷内热的天蝎座

爱好：炫耀自己的大长腿。

性格：天才儿童，永远的第一名。博学
　　　多才，上知天文下晓地理，有时
　　　候怪怪老师都要向他请教问题。
　　　只是有点儿天然呆，常常在最基
　　　本的常识性问题上出错。

星座：脚踏实地的金牛座

爱好：看科普杂志。

博多

怪怪老师带来的一只外星流浪狗，
是大家最最忠实可靠的朋友。

乌鲁鲁

目录
CONTENTS

按照封底说明，手机下载应用程序"鲁教超阅"，即可观看精彩动画！

动画片目录

第 一 章

零食里的秘密

六年级X班

　　暑假过后皮豆升了一个年级，现在他是六年级的大孩子了。他很骄傲，每天背着大书包，在学校里晃来晃去。

　　他最爱去那些低年级教室门口耍帅。在皮豆眼里，他们说话奶声奶气，而且喜欢嚼一种满嘴乱蹦的跳跳糖。

　　皮豆对此感到不屑，私下里有点儿瞧不起他们。"一群小娃娃，成不了大气候。"

　　皮豆早已不爱吃那玩意儿，现在薯条和牛肉干是他的最爱。

　　这点皮豆与蜜蜜一样。蜜蜜也是薯条和牛肉干的忠实粉丝，但与皮豆不同的是，蜜蜜几乎对所有的零食都来者不拒。什么酒心巧克力、杏仁蛋糕、芝麻酥糖、番茄烤肉薯片、辣味海苔……总之，只要市面上能见到的零食，都能在蜜蜜的书包里找到，简直应有尽有。尤其是最近，蜜蜜迷上了一种西瓜味的口香糖。每天上课预备铃一响，蜜蜜就背着她的粉红色书包蹦蹦跳跳地走进教室，然后一股清新的西瓜香味随之飘进来，令人神清气爽。

　　皮豆眼馋嘴更馋，他觉得蜜蜜太酷了，完全符合心目中对六年级学生的要求。他真想对蜜蜜的书包大肆侦察一番，看里面到底还有哪些自己没见识过的好东西。

机会终于来了。

星期二上午的课间操时间，怪怪老师喊班里的女生去办公楼义务劳动。蜜蜜和女王平时最喜欢在这类活动中出风头，怪怪老师一招呼，她们当然义不容辞。

她们走后，皮豆偷偷给博多丢了个眼色，示意他协助自己完成行动。

博多耸耸肩，推了推自己的黑框眼镜。上六年级了，博多的眼镜又厚了一圈，使他显得更萌了。博多合上手里的一本科学杂志，故弄玄虚地说："我有一个最新消息，蜜蜜书包里有个大秘密！"

皮豆最听不得"秘密"俩字，他睁大眼睛，黑眼珠滴溜溜地转了又转。"天哪，怪不得从蜜蜜吃西瓜味口香糖起，我就闻到了不一样的味道。"

他蹑手蹑脚地走到蜜蜜的座位前，哗啦一下把她的书包提溜出来。

蜜蜜的粉红书包上有个卡扣，皮豆刚要拨开，上面竟然露出一个小屏幕，一个机械声音喊道："请输入密码。"

真令人意外，蜜蜜竟然会在书包上设置密码，可见她的书包真如博多所言，肯定有鬼！

皮豆左旋旋，右弄弄，依然对密码无计可施。这时候，上课铃响了，怪怪老师走进教室，身后跟着刚刚打扫完卫生的女王和蜜蜜。

怪怪老师脸上挂着高深莫测的笑容："今天是开学第一天，我打算带同学们去一个超级神秘的地方游玩，以此作为送给大家的开学礼物。"

　　教室里立刻沸腾了，同学们都欢呼起来："呜啦啦，真是太好啦！又能学习好玩有趣的知识了。"

　　皮豆使劲地鼓掌，直到把双手拍得隐隐作痛才停下来。

　　这时怪怪老师走到蜜蜜身边，悄悄伏在她耳边低语几句，也不知道说了些什么。蜜蜜立刻掏出了她那粉红色的书包，嘴里嘟囔了一句，手在书包上轻轻一按，卡扣"啪"的一声就开了。

　　皮豆看得两眼发直，那一刻，他觉得蜜蜜真是太神气了。

　　蜜蜜把书包里的东西一样样地拿到桌面上，有课本、作业本，还有各种花花绿绿的彩纸，上面都有很精美的图案。最后，她从书包里掏出一个黑乎乎的小匣子，小匣子上面雕刻着许多奇怪的花纹，看上去有点儿神秘。

"这就是你刚才说的书包里的大秘密？"皮豆用手指捅捅博多，"看上去确实不凡，像是藏着绝世武功秘籍。"

皮豆真想立刻把匣子拿到手里研究一番，可女生们对这神秘的匣子并不买账，对蜜蜜书包里各种好看的彩纸好像更有兴趣。

尤其是女王，她爱不释手地抚摸着那些彩纸，眼睛里流露出由衷的赞叹："好美的图画，这张是五角星，那张是蝴蝶，还有雪花、京剧脸谱……"

蜜蜜不慌不忙地从女王手里接过包装纸，一张张展开来，贴在了黑板上。

皮豆惊讶地看着蜜蜜，悄悄地对一旁的博多说："这些图画不会是蜜蜜画出来的吧，真是不可思议。尤其是那张京剧脸谱，红的红，黑的黑，连我这种专业的美术人才都拿它没辙。"

博多刚要开口，怪怪老师打着哈哈笑了起来："同学们，我们将要去的神秘王国与图画有关，谁能用最快的时间画出我指定的图案，谁就永远拥有去神秘王国的通行证。"

皮豆听到这里，更加迫切地想见识一下怪怪老师提到的神秘王国了。

只见怪怪老师拿起蜜蜜书包里那个神秘的匣子，口中念念有词，一道光从匣子里射出来，接着，那道光竟然变成了一条窄窄的通往匣子的小路。

"呀，这是怎么回事？"皮豆又沉不住气了，最先惊叫起来。

博多拍了拍他的肩，冲他挤挤眼睛："知道吗，这可不是一个普通的盒子，只要我们走进去，立刻会有意想不到的事情发生。"

博多一仰头，自顾自地向匣子中走去。皮豆有点儿狐疑："难道这是个魔盒，能看得见过去与未来？如果真是这样，那我一定要看看二十年后的皮豆是不是一条好汉。"

就这样，同学们一个个排着队走进了小匣子里。

谁也没想到外表其貌不扬的匣子，里面竟是个色彩缤纷的图画王国，到处都是好看的颜色，好看的图案，所有的同学都看呆了。不知道为什么，皮豆觉得这里的图案都似曾相识。

"呀，"皮豆突然叫起来，"这里的图案竟然与蜜蜜书包里的彩纸图案一模一样。"

怪怪老师没有理会皮豆："同学们知道吗？这就是我刚才提到的神秘王国，它的真实名字叫美丽岛。"

说完他随手拿起一张身边的图画，上面是一个鲜红的五角星。"谁能用最快的速度在纸上剪出这个五角星，谁就拥有了一张可以随时进入美丽岛的通行证。"

博多第一个举起手，只见他随手拿了一张纸，对折了一下，用彩笔沿着折痕先慢慢画着，接着用剪刀沿着画的痕迹将纸剪开。不

一会儿，一个漂亮的五角星就出现在大家面前。

"太神奇了。"美美惊叹道，"你刚才就只画了半边，剪下来的就是整个星星了呀！"

怪怪老师点点头，把一张通行证递到博多手里。皮豆眼尖，一眼就瞥见了通行证上的几个大字："可随时随地阅读美丽岛科普书籍"。

皮豆不屑一顾地撇了撇嘴："我可对科普书籍没兴趣。"

怪怪老师紧接着从口袋里又掏出一张通行证，上面也画着些什么图案，皮豆没有看清。

怪怪老师说："谁能画出这朵雪花，这张通行证就发给谁。"说完，他扬了扬手里的通行证卡片。

皮豆这才认出来，卡片上满是花花绿绿的零食图片，什么果冻、提拉米苏蛋糕、酒心巧克力豆，还有皮豆最爱吃的薯条和牛肉干。

9

"可以随便吃吗？"皮豆问。

"当然，只要你能立刻画出这朵雪花。"

这下皮豆着急了，要知道，那可是一张通往零食王国的入场券啊。皮豆紧紧皱着眉头思索着，一会儿抓耳，一会儿挠腮，最终也没想出怎么画出这朵雪花。

转眼一看，蜜蜜的图画已经端端正正地摆在了桌面上，正是那朵小雪花。

皮豆急得都快哭了。

怪怪老师拿起刚才的五角星和雪花："知道为什么博多和蜜蜜能这么迅速地画出这两种图案吗？其实这里面有一个秘密。"

怪怪老师顿了顿："这种沿着一条直线折叠，直线两旁的部分完全重合的图形，我们把它叫作轴对称图形。这条直线就是这个五角星和雪花的对称轴。"

皮豆有点儿怀疑："可是，我不用对折的方法，也能画出一个完整的星星啊！"

轴对称图形

"是的，能准确画出这种轴对称图案的人的确很厉害，皮豆画画看！"怪怪老师说。

皮豆拿起笔，画了一张又一张，可不知道为什么，皮豆感觉老是画不准确，左右两边的图案画得总是不对称。

怪怪老师说："有个画轴对称图形的简便方法——首先把半个星星放在一个方格图里。先找到星星的关键点A，以这个A点为例，这个点在对称轴的左边，距离对称轴只有一个格子的距离。那么我就在对称轴的右边，距离一格的地方也点上一个点。这个点就是刚才那个A点的对称点。"

怪怪老师耐心地讲述着过程。"剩下的图画，你能完成吗？"怪怪老师问皮豆。

"没有问题，看我的。"皮豆不假思索地说。

皮豆一边画一边嘀咕着："先找到关键点，然后量出这个点到对称轴的距离，接着在对称轴的另一侧同样的位置量出同样的距离，就找到这个点的对称点了。"

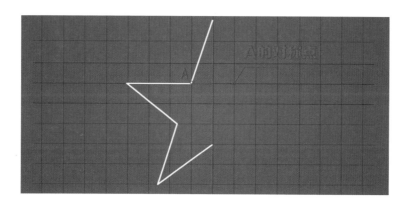

很快皮豆就找到了所有关键点的对称点，连接起所有的对称点，一个漂亮的五角星就跃然纸上了。

"皮豆太棒了！"大家纷纷竖起了大拇指。

皮豆高兴极了："哈哈，这下我可以无限制出入零食王国了，真是太过瘾啦！"

脑力大冒险

亲爱的同学们，蜜蜜在学会了剪纸后，自己剪了一些窗花花样，你能指出哪些是轴对称图形吗？

第 二 章

梦里的乘法公式

也不知道是什么原因，女王这几天突然关注起星座来。

女王是典型的狮子座女生。书上说这类女生容易骄傲自大，说话不经过大脑，还有霸权倾向。

女王是绝对不会相信自己有这些缺点的。说话不经过大脑？或许只有皮豆那类捣蛋鬼才会犯这种低级错误吧。

"我是高贵冷艳的狮子座，万人瞩目的中心。"女王对蜜蜜说。说这话的时候，她骄傲地仰着头，嘴角微微上扬。在那一刻，蜜蜜不得不相信女王确实如她所说的那样，高高在上，万人瞩目。

但是渐渐地，蜜蜜发现了女王的不正常。她太相信星座的说法了，以至于在中午吃豆沙包还是炒米饭这类问题上，都会依赖那本

《本周星座运势》，看看到底哪个选择会带来好运气。

一次数学课后，蜜蜜把女王的一系列反常行为告诉了皮豆。最后她说："知道吗，听说女王最近开始研究梦了，这太奇怪了。"

没想到皮豆听了蜜蜜的话竟然陷入沉思："研究梦？那她一定会解梦了。知道吗，我昨晚做了个很奇怪的梦。我梦见自己和乌鲁鲁流落到一个荒凉的小岛上，到处是蛇和食人兽，乌鲁鲁都吓哭了。幸亏有我在，我施展功夫救了乌鲁鲁。"皮豆又开始吹牛了。

蜜蜜撇了撇嘴，根本不相信皮豆的话。不过她还是把皮豆梦的内容告诉了女王："你可以帮皮豆解梦。"

"等着瞧吧，他最近诸事不顺！"女王言之凿凿地预言了皮豆的命运。

皮豆不相信女王的话："我最近自我感觉良好。"但这预言像绳索一样捆住了皮豆。

第二天，皮豆蔫蔫地走进教室，昨晚莫名其妙地失眠了，今天完全没精神。过了一会儿，皮豆在数学课上竟然睡着了。

15

怪怪老师正在讲"分数乘法"这一节。他讲了一半突然停住了，嘻嘻哈哈地走到皮豆的书桌前。

皮豆还在打呼噜，一阵长长的口哨声从他鼻孔里钻出来。这实在太尴尬了，博多忍不住了，想要叫醒皮豆。怪怪老师摆了摆手："我有个好主意，让皮豆在梦里继续上课。"

于果很纳闷："皮豆在梦里怎么能上数学课，怪怪老师不会开玩笑吧？"

怪怪老师解释说："我打算带大家去皮豆的梦里逛一圈，估计会发生很多有趣的事，顺便让皮豆在梦里学习分数乘法。"

"哇，好像电影里的情节，太酷了！让我们赶紧进入皮豆的梦境吧。"大家纷纷表示同意。

怪怪老师又施出了魔法，大家来到了皮豆的梦里。

真是没想到皮豆的第一个梦竟然发生在教室。蜜蜜偷笑着说："看来皮豆蛮喜欢教室的嘛！"

可后面发生的事情令蜜蜜哭笑不得，皮豆竟然翻开蜜蜜的书包偷吃蛋糕。

这时，藏在皮豆梦里的怪怪老师突然开始提出问题："蜜蜜共有2盒蛋糕，每盒5个，共多少个蛋糕？同时假设蜜蜜共有5盒蛋糕，每盒2个，共多少个蛋糕？这体现了乘法的什么运算定律？"

博多偷偷说："这不是四年级就学过的乘法交换律吗？"

博多刚嘀咕完，皮豆就给出了答案："$5 \times 2 = 2 \times 5 = 10$个，体现了乘法交换律，用公式表示就是$ab=ba$。"

怪怪老师接着问："谁知道乘法的结合律和分配律用公式怎么表示？"

怪怪老师完全忘记了自己是在皮豆的梦里，说话声音出奇地大。不过幸好皮豆完全没有意识到："乘法结合律用公式表示是$a \times b \times c = a \times (b \times c)$，乘法分配律用公式表示是$a \times (b+c) = a \times b + a \times c$。"

皮豆很自信地在梦里说出了答案，毕竟这些内容在四年级时就已经学过了，对皮豆来说小菜一碟。

皮豆答对了问题，得到了奖赏，很轻易地吃到了蜜蜜的蛋糕。因为是在梦里，蜜蜜并没有提出抗议。

皮豆吃完蛋糕，开始进入下一个梦境。

第二个梦里他参加了学校的运动会，这个梦更复杂了，估计连皮豆也不喜欢。他的眉头紧紧皱着，腿还不停地踢来踢去，好像真的在跑步一样。

怪怪老师趁机提出第二个问题："运动会几个跑步项目中，十一发挥强项跑了2000米，博多跑的路程相当于十一的$\frac{1}{3}$，皮豆跑的路程相当于博多的$\frac{3}{4}$，皮豆跑了多少米？"

尽管皮豆是在自己的梦里，他仍然表达了自己的不满："为什么我跑的路程最短，竟然还赶不上书呆子博多，我抗议！"

怪怪老师向皮豆提出条件："只要你能用最简单的方法回答出我的问题，我就让你在下一局比赛中挽回颜面！"

皮豆果然中计："那好办，这题目说简单也简单。根据题目我们可以知道博多跑了$2000 \times \frac{1}{3}$米，那么我跑的路程就是$2000 \times \frac{1}{3} \times \frac{3}{4}$米，所以只要用最简单的方法算出结果，我就大功告成！"

大家都目不转睛地盯着皮豆，看他到底会用什么简便方法。

皮豆不慌不忙地说："$2000 \times \frac{1}{3} \times \frac{3}{4} = 2000 \times \left(\frac{1}{3} \times \frac{3}{4} \right) = 2000 \times \frac{1}{4} = 500$米。"

怪怪老师一副很满意的样子："皮豆，谈谈你的想法，说说为什么这样更简便。"

皮豆说："$\frac{1}{3} \times \frac{3}{4}$可以约分，使计算更简单，这恰巧运用了我们刚刚复习的乘法结合律啊。"

皮豆一副胸有成竹的样子。

怪怪老师高兴极了，竟然带头鼓起掌来："同学们，首先我要表扬皮豆同学。他刚才的计算方法的确运用了乘法的结合律。这也说明了一个问题，整数乘法运算律同样适用于分数乘法。"

皮豆扬扬得意，他刚要让怪怪老师实现许下的诺言，让他在下一局比赛里扳回颜面，场景立刻变了。皮豆还来不及想明白是怎么回事，就进入了第三个梦境。

这个梦境中第一个出场的人竟然是博多，他端端正正地坐在课桌前读一本科学连环画，封面上印着他最钦佩的科学家爱因斯坦。

博多在皮豆的梦里见到自己，感觉怪极了。他左看右看，老觉得面前那个博多像是走了样似的，眉毛鼻子眼睛，好像都不是自己的。

他暗暗责怪皮豆："难道我在你心里的形象就是这个样子？"

博多来不及多想，怪怪老师就开口发问了："博多有一本360页的科普书，皮豆第一天读了 $\frac{1}{3}$，第二天读了 $\frac{1}{2}$，皮豆一共读了多少页？"

"这道题目可以用公式表示，$360 \times \left(\frac{1}{3} + \frac{1}{2} \right)$，不过 $\left(\frac{1}{3} + \frac{1}{2} \right)$ 不好计算，可以把算式拆成 $360 \times \frac{1}{3} + 360 \times \frac{1}{2} = 120 + 180 = 300$页。这体现了分数乘法的分配律。"

同学们都惊讶极了，他们没想到在梦里的皮豆思维竟然如此敏捷。

教室里响起雷鸣般的掌声，皮豆一下子惊醒了，这才从梦里走了出来。

"发生什么事情了？"皮豆揉揉眼睛。

蜜蜜提醒皮豆："刚才你睡了一大觉！"

"绝不可能，"皮豆又揉揉眼睛，"我刚刚还计算了几道分数乘法的应用题呢。"

脑力大冒险

乘法运算律不仅适用于整数和小数，同样也适用于分数。皮豆做了很久都没有做对的题，博多几分钟就做出来了。你能帮帮皮豆吗？

（1）45×102　（2）25×44　（3）81+9×91

第 三 章

谁是肇事者

教室里最近怪事连连，似乎暗地里有个神秘人在捣乱，所有事情都朝着不可预知的方向悄悄进行着。

首先是蜜蜜的粉色塑料杯不知被哪个缺德鬼扎了个小洞，上数学课时，水不停地渗出来，直到蜜蜜的作业本几乎全部湿透，她才猛然发现。

这件事情过去没多久，女王也中了招。她的半透明笔袋的拉锁被人用强力胶牢牢地粘在一起。女王左拉右扯，拉锁纹丝不动，最终女王宣告笔袋作废。

这还不算，上节数学课测验，博多准备答题时发现铅笔笔芯断了。他拿出削笔刀削了近半个小时，最后在十一的提醒下，他才发觉笔芯被人抽去了。博多一向是班里的第一名，但这次他很无奈地交了人生中第一张白卷。

怪事连连发生，女王坐不住了，她把受害者们召集起来，认真地研究了一下案情。最终，女王把怀疑的目光投向了皮豆。

理由之一是皮豆的案底太多，他是班里最有名的捣蛋鬼，班里只要有什么恶作剧，十有八九是皮豆搞的。

女王印象最深刻的是一年夏天，她花了五元钱从学校小卖部里买了杯巧克力口味的珍珠奶茶。珍珠奶茶香极了，女王舍不得一口气喝完，她轻轻地抿了一小口，咂摸咂摸嘴，然后把奶茶放到了课桌里。

午休过后，女王想把剩下的奶茶一口气喝光光。她从课桌里拿出那半杯奶茶，没有多想，一仰脖，咕咚咕咚地喝了下去。

然后，女王愣住了，片刻后，胃里翻江倒海似的，她将刚刚入肚的珍珠奶茶全吐了出来。

女王的嘴巴里到底是什么怪味道呀，那不再是一股香浓的巧克力味，而是一种混杂着醋的酸味、胡椒粉的辣味和鸡精的鲜味的极其复杂的味道，让人恶心。

女王知道自己被人"算计"了，可"肇事者"是谁呢？

她把教室里的人全部排查了一遍，最终把怀疑目标锁在了皮豆身上——皮豆挂在椅背上的蓝格子衬衫上有股一模一样的怪味，那味道真是……女王一辈子也忘不了。

女王当时的样子可怕极了，她暴跳着"揭竿而起"，抄起了教室里的旧扫帚向皮豆扫过去。

同学们都紧张地盯着女王，教室里笼罩着暴风雨来临前的紧张气氛。

就在这千钧一发的时刻，上课铃突然响了，怪怪老师慢吞吞地走了进来。

女王不得不咬着牙齿喊了一声："起立！"就这样女王失去了报仇的机会。她当时暗暗发誓，日后一定要找皮豆算账。

没想到事情才过去没多久，皮豆竟然主动送上门来了。

她发誓这次一定要让皮豆付出代价，让他彻底认清事实，女王是绝对不容许别人挑衅的。

女王左思右想，该选择什么样的办法惩罚他呢？

那几天，女王天天愁眉不展地苦想对策。她恨透了皮豆，每天对他摆出一副横眉冷对的样子，时不时抛给他几个白眼。

不过令女王难以接受的是皮豆对此的反应，他完全一副无所谓的样子，对一切好像毫不知情。

"简直太能装了。"女王恨恨地想。

女王想联合博多一起孤立皮豆，可博多也一副忙忙碌碌的样子，好像他是一位大人物。

无意中，女王发现博多最近在看一本名叫《福尔摩斯探案集》的书。

"真是标准的书呆子。"女王对蜜蜜说。

这天第三节是数学课，怪怪老师还没来。博多走到女王书桌前，拿起她那只作废的笔袋，认认真真地查看起来，好像他真是福尔摩斯。

过了一会儿，博多皱着眉头："我认真分析过作案现场，发现事有蹊跷。嫌疑人不止一次潜入教室作案，目的何在，这里面肯定有玄机。"

蜜蜜把头凑过来："听一位同学说，前几天老有个黑影在附近晃悠，走近一看就不见了，太离奇了。"

女王气得跺跺脚："这摆明了是皮豆所为，还查什么查，浪费时间。"

皮豆突然明白了女王最近一系列反常表现的原因，也不知道哪来的勇气，他大喊起来："请大家不要联想过度，这类事情不要老是扯上我。"

女王没想到皮豆反应这么激烈，一下子愣住了，求助似的看看博多。博多却无奈地摇摇头，他对此事完全没有头绪。

上课铃响了，怪怪老师走了进来，身后跟着虎头虎脑的乌鲁鲁。令人感到奇怪的是，乌鲁鲁好像瘦了很多，整个体型都发生了变化，远远看去，好像是个大大的 $\frac{1}{2}$。

博多疑惑地问："乌鲁鲁怎么了，看上去好怪，而且精神也不佳，好像几个晚上都没睡觉，不会是去干什么坏事了吧？"

刚说到"坏事"这两个字，博多疑窦顿生，难道这一切是乌鲁鲁干的？

这时候，怪怪老师说话了："上课之前，我要告诉大家一个消息，一直令你们困惑不已的肇事者找到了。"

怪怪老师轻轻咳嗽了一声："我请乌鲁鲁同学向大家解释一下事情的经过。"

乌鲁鲁有点儿不好意思，站起来，朝大家鞠了一躬。不知为什么，他不说话，而是摇身一变，变成了一个数字，好像这个数字预示着什么事情。

皮豆嚷嚷起来："呀，乌鲁鲁的样子好像百分数50%啊。"

乌鲁鲁羞愧难当，缓缓地道出了事情的来龙去脉。原来，自从怪怪老师开始研习变身术后，乌鲁鲁便偷偷在暗地里观察怪怪老师。他觉得怪怪老师太酷了，一会儿变成一支五彩笔，一会儿又变成一只泰迪熊。

有一天，乌鲁鲁的脑袋里突然冒出了一个强烈的愿望："我一定要把怪怪老师的变身术学到手。"

恰巧那天怪怪老师在练习变身为数字，他一下子变成了分数$\frac{1}{5}$，一下又变成小数0.2，然后又变成了百分数20%。

乌鲁鲁偷偷地把变身的诀窍记在心里，每天晚上都默默地躲在角落里练习一遍。后来，乌鲁鲁终于把怪怪老师的变身术学到手，他也能够顺利地变身成数字了。让乌鲁鲁不解的是，他只能完成三种变化，50%，0.5和$\frac{1}{2}$。乌鲁鲁很纳闷："这三个数字有什么联系吗？"

后来他无意间在一本书中了解到，百分

数、小数和分数是可以互相转化的。

乌鲁鲁高兴地跳了起来："哈哈，我明白了，50%是百分数，转化成小数是0.5，变成分数则是$\frac{1}{2}$，我真是太聪明了。"

乌鲁鲁每天变来变去，技术也越来越熟练。他可以把自己变成分数$\frac{1}{2}$，像竹竿一样瘦，简直能从门缝里挤进去，也能把自己变成50%，像熊一样壮。

有一次，乌鲁鲁看着镜子里的自己说："或许我该利用自己的变身能力做些平时做不到的事。"

于是在一个漆黑的夜里，乌鲁鲁真的变成一个极瘦极长的$\frac{1}{2}$，钻进了教室，做了三件"怪事"。

说完这些，乌鲁鲁垂下脑袋："我接受大家任何形式的惩罚，只要……"

他抬起头，小心翼翼地看看女王的脸："只要女王消消气。"

大家都紧张地望着将要爆发的女王。

女王的脸色慢慢缓和了一些："好吧，就罚你为我们讲一下今天的数学课知识，估计你已经对百分数、小数和分数的转化了如指掌了。"

乌鲁鲁笑逐颜开："遵命！"

乌鲁鲁拿起讲桌上一支粉笔："百分数转换成小数，只要去掉百分号，小数点向左移两位就可以了。"

他翘起脚尖，身体突然发生了巨变，变成了一个矮矮胖胖的

50％，然后身体右面的百分号突然消失了，空气里出现了一个小黑点，飘到了5的左边，小数点左边又出现了一个0，这样就轻松地变成了0.5。

教室里响起一阵雷鸣般的掌声。

紧接着，乌鲁鲁开始讲解小数与分数之间的转化："小数转化成分数最简单了，一位小数就写成十分之几，两位小数就写成百分之几，三位小数就写成千分之几。"

他拱起背，同学们知道他又要开始变身了，只见0.5一下子变成了 $\frac{5}{10}$，然后他的身体开始进行约分，又变成了 $\frac{1}{2}$。

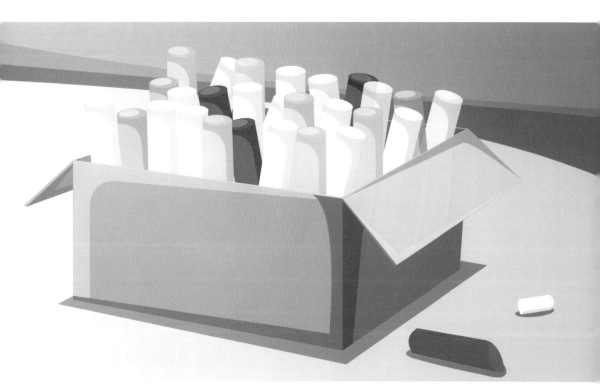

乌鲁鲁骄傲地挺直了身体，展示瘦瘦长长的 $\frac{1}{2}$，他的变身水平真的很不错呢。

怪怪老师赞许地点点头："我想大家对今天的课很满意。肇事者找到了，数学课也讲完了。最后，我留给大家一道题目，请将 80% 转化成分数和小数，现在下课！"

脑力大冒险

真是没想到，乌鲁鲁竟然能完成这样令人吃惊的变化。看来百分数与小数之间的互化、小数与分数之间的互化、分数与百分数之间的互化都是互逆的过程。亲爱的同学，你能完成下面百分数与小数、分数之间的互化吗？

60% =

0.5 =

$\frac{4}{5}$ =

第四章

我们是

孪生兄弟

反比例

正比例

　　谁也没想到，天上会掉下一块大馅饼，砸到蜜蜜身上。她在最爱吃的嘎嘣豆里面刮出一张兑奖券，金属色的涂层下，写着六个小字："奖励手机一部"。

　　蜜蜜真是高兴坏了，她举着那张兑奖券在教室里跳来跳去："风水轮流转，好运气终于转到我这边了。"

　　众所周知，蜜蜜最近一段时间运气很差。

她一度很迷恋用指甲刮开零食包里的"刮刮乐"，只为能够像其他同学一样刮出一根棒棒糖或者一个铅笔盒。

可是零食包里附赠的"刮刮乐"刮了一张又一张，每次都是"谢谢品尝"或者"欢迎惠顾"。

蜜蜜沮丧极了，她连一根绣花针也没有刮到过。"真是倒霉得离谱！"蜜蜜抱怨说。

可是这次，一部漂亮的粉红色手机竟然没有任何预兆地砸到蜜蜜身上，都快把她砸晕了。

真是天降财运！

当蜜蜜把那只手机拿到手里的时候，她激动得都说不出话来了："是我最喜欢的颜色呢，真是太漂亮了。"

博多也替蜜蜜高兴："手机真是好东西，可以下载好多网络游戏。知道吗，最近有款叫'荡秋千'的聊天工具很热门，如果有需要，我可以帮你下载到手机上。"

35

"荡秋千？"蜜蜜想了想，"名字听上去很有意思。"

博多点点头："只要你点开软件，手机上就会有个秋千荡来荡去，它会帮你采集距离最近的手机信号，在网络里找到符合你要求的朋友。"

蜜蜜两眼开始发光了："我希望能够认识聪明又有趣的朋友，手机能做到吗？"

博多双手一握，很有信心地说："太简单了，瞧我的！"

博多很快就帮助蜜蜜下载好了聊天软件，一会儿工夫，一只浅蓝色的秋千在手机屏幕上轻轻荡了起来。

手机上立刻响起了咚咚的敲门声，蜜蜜快速地拿起来一看，只见有信息提示："有好友来了。"

蜜蜜用食指轻轻一点，一个帅气男生的照片突然跳到了屏幕上，把蜜蜜吓了一跳。

"哇，简直太帅了，完全符合我心目中的男神形象。"蜜蜜有点儿花痴地喊了起来。

"你叫什么名字？"蜜蜜问男生。

"我的名字太普通，不值一提！"男孩问，"你呢？"

蜜蜜的大脑快速运转着："我叫粉色女巫。"蜜蜜急中生智，想出一个自认为富有魅力的名字。

正在这时，上课铃响了，怪怪老师嘻嘻哈哈地走了进来，看上去好像有什么喜事发生。

果不其然，怪怪老师宣布了一个特大喜讯："我打算与数学王国搞一个联谊会，希望能增进同学们之间的感情，使大家对数学王国多一些理解。"

皮豆"噌"的一声从座位上站起来："太好了，听说数学王国有一种好吃的数字饼干……"

皮豆还没说完，女王的火爆脾气就上来了，冲着皮豆说："你怎么一点儿也不吸取教训，就知道吃。"

怪怪老师无奈地摇摇头，这种情形他早就已经习以为常了。

他迅速转移话题："大家准备好了吗？我们出发去数学王国吧。"

同学们异口同声："准备好了。"

怪怪老师施展时空转移术，教室立刻发生了翻天覆地的变化，好像刚刚刮过一场数字风暴。桌椅板凳变成了百分数，拖把扫帚变成了分数，就连教室里的窗帘都变成了小数的样子，斜斜地吊在窗口，样子看起来有点儿怪。

怪怪老师对自己布置的数学王国感到很满意，他咳嗽了一声："这里的一切太气派了，这才配得起宇宙第一帅老师——怪怪老师嘛！"

怪怪老师又在吹牛了，同学们早已习惯了这个样子的他，只希望怪怪老师不要出糗才好。

怪怪老师说："或许我们该邀请数学王国的几个同学来我们教室做客，那才是正儿八经的联谊会嘛！"

同学们高兴地鼓起掌来。

皮豆也在教室里跳起舞来，他早已忘记了刚才女王那一拳的疼痛。"太棒了，我又可以交到新朋友了。"

蜜蜜噘起嘴巴小声说："皮豆太老土了，现在谁还通过联谊会交朋友？"

蜜蜜话音刚落，教室门口就响起了敲门声，一个中年人站在门口。

"他好像也是一位数字老师啊。"女王偷偷对蜜蜜说。

"大家好，"那位中年人自我介绍说，"我是数字班的数

学老师，今天很荣幸与大家联谊。今天我特地带来两位同学跟大家认识！"

蜜蜜才发现那位数字班的老师身后还站着一位帅气十足的男同学。

数字班老师介绍："这位同学是数字班的学习标兵，他的名字叫正比例。"

蜜蜜的嘴巴张成了大大的O形："这不是我在'荡秋千'上认识的新朋友吗？"

女王的眼睛都发绿了："好蜜蜜，你竟然认识这么帅的男同学，快快介绍给我认识。"

"嗨！"蜜蜜很大方地打招呼，"还记得我吗？我们前天刚刚通过手机聊过。"

让蜜蜜尴尬的是，正比例一脸茫然地看着蜜蜜，好像完全不认识眼前这个漂亮的小姑娘。

随后，那个叫正比例的男生又哧哧笑了起来："哈哈，你认错人了，你说的肯定是我的孪生兄弟反比例。"

果然，数字班老师随后又领着一个一模一样的男同学走进教室。

他一眼瞥见了这边的蜜蜜："你好，你是粉色女巫吧，我在手机屏幕上见到过你的照片。当时忘记告诉你了，我的名字叫反比例。"

蜜蜜吃惊得嘴巴里可以塞进去一个鸡蛋："这怎么可能？你们长得一模一样，根本无法分辨！"

正比例说："我们两个有很多相似点，但我们是独特的个体，不同点更多。"

蜜蜜紧紧地皱着眉头："我完全分辨不出来！"

蜜蜜转过头求救似的望向女王，女王也摇摇头，表示自己无能为力。

孪生兄弟中的反比例突然说话了："我们都是表示两种或多种事物相关联的关系，这是我们的共同点。"

蜜蜜的眉头紧紧地皱在一起："真是搞不懂。"

正比例插嘴说："我给大家举个例子。比如，当一个圆柱的底面积一定，假设是10平方厘米，他的体积和高就成正比例。高1厘米，体积10立方厘米；高4厘米，体积40立方厘米；高5厘米，体积50立方厘米。"

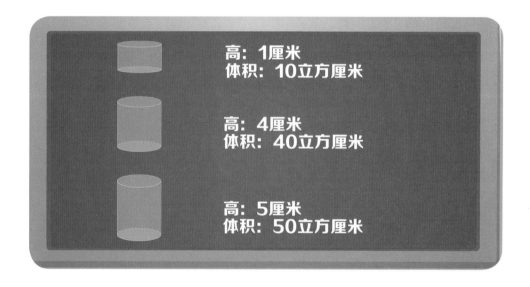

博多有点儿明白了："是不是可以这么理解，两种相关联的量，如果一个量增加了，另一个量也增加，如果它减少了，另一个量就相应减少，并且它们的比值一定，这两个量的关系就叫作正比例关系。"

正比例露出了灿烂的笑容："说得太好了，完全可以这样理解。"

蜜蜜也有点儿明白了，不过她的眉头仍然没有展开："那么反比例呢，他跟正比例长得太像了！"

反比例有点儿搞怪地调皮一笑："我们嘛，性格完全不像，不过这不是最关键的。"

他接着说："我跟正比例正好相反，简单点儿来说，就是如果一个量增加了，另一个量减少，并且它们的乘积一定时，那这两个事物的关系就叫反比例关系。比如学校一百米赛跑，速度是5米/秒，时间就是20秒；速度是4米/秒，时间就是25秒。"

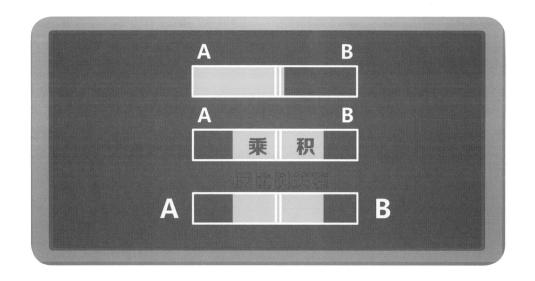

"所以百米赛跑中，速度和时间是反比例关系！"蜜蜜抢先说出了答案。

反比例赞许地看着蜜蜜："完全正确！"

蜜蜜都有点儿不好意思了。

怪怪老师很满意大家在数学王国的表现，接着问："谁能举出生活中正比例和反比例的例子呢？"

皮豆又坐不住了，在孪生兄弟的引导下，他也开始明白了。

他把手高高地举起来："这个我知道，我知道！我去超市买笔，每支1元钱，我买的笔数量越多，花的钱数越多。所以，笔的数量与花的钱数成正比例。"

蜜蜜也不甘示弱："早上我喝果汁，倒在杯子里，杯数和每杯的果汁量成反比例。"

怪怪老师满意极了，他重重地握了握数学王国里那位老师的手："今天的数学课很精彩，我们随时欢迎数学王国里的任何同学来百变教室做客！"

怪怪老师转过头来，朝大家做了个鬼脸："现在下课！"

教室立刻变回了原来的样子，不过百变教室的所有同学都记住了那两位不同的孪生兄弟。

脑力大冒险

亲爱的同学们，下面四句话中错误的是：

1. 平行四边形的面积一定，它的高与底成正比例关系。

2. 车轮的周长一定，车轮行驶的路程和转数成反比例关系。

3. 如果ab除以4等于40，那么a与b不成比例。

4. 如果a与b成反比，b与c成反比，那么a与c也成反比。

第 五 章

胖子和铁环

不是圆

上课铃响了好久以后，才看见怪怪老师慢慢吞吞地走进了教室。

他的额头上沁满了汗珠，大汗淋漓的样子好像刚刚从游泳池里走出来。反正他一向爱搞些怪名堂，大家也不奇怪，都静静等待着怪怪老师解释自己为何迟到那么久，为何把自己搞成这副狼狈样子。

可令人奇怪的是，怪怪老师什么也没说，擦了擦脸上的汗珠，慢腾腾地从口袋里掏出一支粉笔，转身在黑板上画了个大大的圈。他轻轻捻去食指上的粉笔末，转过头面对着大家，表情颇为耐人寻味："同学们，你们谁能说说看，我画的是什么？"

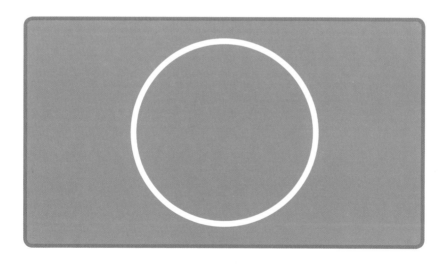

课堂立刻热闹起来了，大家都对怪怪老师提出的问题有些不解。皮豆第一个发表看法："这个问题也太简单了，可它竟然从怪怪老师聪明的脑袋里蹦出来，这有点儿匪夷所思。"

女王正皱着眉头，托着腮思考怪怪老师刚刚提出的问题，听了皮豆不负责任的言论后，气不打一处来："豆皮儿，我最后一次警告你不要乱用成语……"

女王的话还没说完，大家就忍不住议论起来了，好像怪怪老师提出了一个类似宇宙大爆炸那样的世界谜团，要急需一些聪明人来破解似的。

这次是乌鲁鲁第一个站出来："这是一个月饼，而且是杏仁加蛋黄馅儿的，我昨天刚刚吃过一个，现在嘴巴里还有香味呢。"乌鲁鲁说完，还咂摸了一下嘴巴，好像真的品尝到了杏仁的香气。

十一好像不同意乌鲁鲁的看法，他扬起那帅气逼人的脸，骄傲地说："怎么可能？这明明是一个篮球，我现在就能想象出它身上那种规则的纹路。我们班体育成绩一直不理想，我想是到了展示雄风的时候了。"

皮豆突然咋咋呼呼地举起手来："我知道了，我知道了，这肯定是一个会叫人早起的钟表，我第一眼见到它就起了一身鸡皮疙瘩呢。"

蜜蜜突然诗兴大发，吟诵了起来："床前明月光，疑是地上霜。举头望明月，低头思故乡。这明明是八月十五晚上的黄月亮嘛。"

怪怪老师用力地敲了敲桌子，声音里有几丝不满："喂，请注意，我们现在上的不是体育课，也不是语文课，请大家搞清楚。"

怪怪老师把声音提高了几个分贝："博多，请谈谈你的看法。"

博多站起来，伸出食指推了推眼镜。他的眼镜度数估计又长了不少，因为从皮豆这个角度望过去，那镜片快和酒瓶底一样厚了。博多回答起问题来依然像往常那样不紧不慢，好像他是某位指点江山的伟大人物。博多轻轻抚平了皱起了一角的数学课本，从容不迫地说："这既不是月饼，也不是钟表，这是一个圆。"

"圆？不会吧，这答案确实有点儿过于简单了。"蜜蜜带着几分疑惑的神情摇了摇头。

博多的一句话好像提醒了皮豆，他完全忘记了刚刚女王的警告，又开始想出风头了："哈哈，我突然想起来一件好玩的事。我记得怪怪老师以前修炼变身术，结果失败了，变成一个超级大胖子，圆圆的脑袋，圆圆的胳膊，圆圆的腿，所以怪怪老师变成的那个胖子就是一个圆。"

皮豆话音刚落，不知道从哪里飞来半截粉笔，像枚暗器一样不偏不倚恰巧打在皮豆的脑门上。粉笔灰簌簌落下来，弄了皮豆一脸。皮豆狼狈的样子令课堂安静了五秒钟，然后全体同学哈哈大笑起来。

AR
扫一扫，看动画

　　女王高高地仰着头，带着惯常的那种高高在上的仪态来到皮豆面前："皮豆太无知了，不懂就不要插嘴。我刚刚查阅了数学资料，上面说，圆是一个平面几何图形，而怪怪老师变成的那个胖子，尽管很胖，但也是一个立体的活生生的人，所以这两者根本不是一回事！"

　　说实话，怪怪老师脸上的表情有一瞬间很复杂，他不知是该哭还是该笑，看来大家对"圆"还是有一定认识的。不过，不过，他们可不可以不要拿威严无比的怪怪老师的糗事说个没完没了……

　　女王刚刚结束自己的发言，皮豆又有意见了，他真是有点儿不见棺材不落泪的架势："哎呀，这下我是真的明白了。"说完，他把手伸进桌洞里，左掏掏，右掏掏，不知道在鼓捣些什么。

　　大约过了十秒钟，皮豆从桌洞里掏出一个脏兮兮的铁环，有几处地方还生了褐色的铁锈。大家都知道那是皮豆心爱的宝贝。曾经有一段时间，学校里经常有一个背着书包，满头满脸脏兮兮的小男孩，手拿铁钩，推着铁环奔跑在校园里。那几乎成了一个标签，贴在皮豆身上，让大家都知道，这个生龙活虎、有高超滚铁环技巧的男孩就是皮豆。

　　皮豆脸上那抹向女王挑战的神色难以掩饰。他把生了锈的铁环"咣当"一声放在了课桌上："这个大家总该见过吧，这可是一个圆铁环，标准的圆形。"

　　可是无论皮豆多么努力想要炫耀自己，总有人当头敲他一闷棍。这个时候，博多又慢吞吞地站起来。博多在很多场合是关键角色，这次也不例外。

　　只见他沉吟片刻，食指轻敲脑门，带着几分思考的神情："皮豆这次又错了，刚才女王说过，圆是平面几何图形，它没有任何厚度。大家可以仔细观察一下铁环，它是有厚度的，所以铁环也不是圆。"

　　"那到底什么是圆？"皮豆有点儿恼怒了，本来是要出风头，结果反而在全班同学面前出了丑。

怪怪老师走到皮豆面前示意他坐下，语气里有几分安慰。他轻声说："今天我们的数学课，就是要讲解圆的概念。"

怪怪老师沉一沉，慢条斯理地说："女王和博多刚刚关于圆的认识是正确的。圆是一个平面几何图形，在同一平面内，当一条线段绕着它的一个端点旋转一周时，另一个端点画出的轨迹叫作圆。"

说完，怪怪老师不知道从哪里变出一根细绳。他用左手将细绳的一端固定在黑板上，然后右手捏住细绳的另一端，在黑板上画了一个大大的圆。

他转过头把细绳展示给大家看，慢慢地说："这根细绳可以帮助大家画出标准的圆。所以，我们也可以说平面上一条线段，绕它的一端旋转360度，留下的轨迹叫作圆。"

大家听了怪怪老师的话兴奋极了，都忍不住要自己试一试画出一个标准的圆。教室里一下子变得很热闹，皮豆好像也已经忘记了刚才的不愉快。他竟然又冒出了鬼点子，解下了自己新买的球鞋的鞋带，在地面上画了一个大大的圆。

怪怪老师见大家学习圆的兴致这么高，忍不住要趁热打铁。他又亮了亮手里的细绳："我们刚刚绕着这根细绳的一端旋转了360度，在数学上，这根细绳固定的这一端点叫作圆心，通常用字母O表示，这根细绳被称为圆的半径。也就是说，连接圆心与圆上任意一点的线段叫作半径，通常用字母r表示。"

怪怪老师接着说："在一个圆里，与半径r相对的是圆的直径，

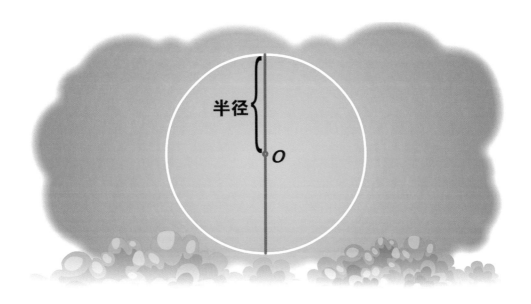

即通过圆心并且两端都在圆上的线段，通常用字母d表示。"

说完，他又在黑板上的那个圆里画了一条直径："大家仔细观察一下这个圆，谁能说一下半径和直径的关系？"

皮豆立刻发现了答案，他高高地举起手来："我知道我知道，半径是直径的一半，直径是半径的两倍。"

怪怪老师这次终于对皮豆的回答感到满意了："皮豆回答得完全正确。在同一个圆里，半径是直径的一半，直径是半径的两倍，用公式表示是$d=2r$，$r=\dfrac{d}{2}$。"

怪怪老师说完，将手里的半截粉笔放到讲桌上，清清嗓子说："下面我要带大家去个意想不到的地方，因为旅途相当遥远和辛苦，请大家务必做好心理准备。"

怪怪老师说完拍了拍手，然后又绕着课桌喃喃自语地念了几句。大家都好奇地盯着怪怪老师，窃窃私语说："怪怪老师是不是又学会了新魔法？"

皮豆突然猛地一拍桌子，神秘兮兮地说："我知道今天怪怪老师为何迟到了，他肯定去试验新魔法了，让我猜猜这次他会带我们去哪里？"

这时候，教室里突然刮起了一阵旋风。凉飕飕的风吹过之后，天也暗了下来，好像即将有一场暴风雨要降临。

怪怪老师哑着嗓子说："大家快快手牵着手，不要像我早上一样掉进时光的裂缝里。"说完这句，怪怪老师马上有点儿后悔，表情也变得尴尬起来，暗暗嘀咕了一句："糟糕，我又泄露了自己的一件糗事。"

大家都听从怪怪老师的指挥，手与手紧紧握在一起，根本没有注意到怪怪老师的小心思。

又一阵风刮过来，大家像被飓风卷进了一片弯曲的树叶里，每个人都是树叶里的一只小蚂蚁，树叶摇摇晃晃地飞着，像飘在空气里的小船。

过了一会儿，风停了，小船靠了岸，大家也睁开了眼睛，都被眼前的景象惊得目瞪口呆。

大家面前是一个高高的城墙，城门上有个圆形的洞，有圆圆的士兵出入。怪怪老师也将自己和同学们的体形变成了圆，进了城

门。大家走了没多久，就看见一位精神矍铄的老人，皮豆估计他得有一千岁了。老人穿着一身灰布长袍，头上用同样颜色的灰布条系着一个简单的发髻。

他坐在一张古老的木桌前，面前整齐地摆着一些小木棍。他一根根地摆弄，嘴里念念有词，好像在计算什么重要公式。因为太专心了，老人根本没有注意到怪怪老师一行人的到来。

还是皮豆的一句话打破了片刻的寂静："哎呀呀，这里有一个大大的圆呢。"大家朝着皮豆手指的方向看过去，果然，在一面大大的茅草混合着泥巴垒成的墙上，有一个大大的圆，像怪怪老师刚刚画的那个一样标准。

蜜蜜最先提出了问题，她的声音还是那么甜："老爷爷，你摆弄小木棍是要做什么呢？是不是要做工艺品，这个我很拿手的！"

博多摇了摇头，他走过去拿起木桌上的小棍研究起来，眉毛紧紧皱着。大家知道，当博多皱眉头的时候，不要去打扰他，因为这时，他肯定在思考什么重大问题。

果然，博多说话了，他拿着一根木棍好像在自言自语，又好像在告诉大家："老爷爷不是在做手工，而是在计算圆周率。"

"圆周率？"大家的眼睛里都流露出不解的神色。"那是什么东西？"

博多慢慢地说："圆周率，一般用 π 表示，是在数学里经常会用到的常数。它是指圆的周长与直径之比。这位老爷爷，肯定是一千五百多年前计算出圆周率的科学家祖冲之。他计算出圆周率在3.1415926和3.1415927之间。这项成果在古代数学领域是一项杰出的贡献，比外国数学家早一千多年呢。"

博多说完，将极为崇拜的目光投向了老人的背影，大家也都"哇哇"地喊起来。女王难以掩饰内心的激动，有点儿语无伦次地说："没想到我们的祖先创造了这么多先进的文明，我回去可要好好研究一下。"

这时，一直坐在木桌前沉默不语的老人站了起来，他伸出手指了指墙上的圆，又做了个手势比画了一下。

皮豆狐疑地嘀咕起来："难道传说中的科学家不会说话？"

老人好像听懂了皮豆的话，竟然哈哈大笑起来。怪怪老师轻拍了下皮豆的肩膀："古人说的是文言，皮豆你不是学过文言文吗？要不替我们翻译一下？"

皮豆赶忙摆手推辞："不不，这个还是不用了吧，嘿嘿嘿嘿……"

怪怪老师恭敬地向那位一千年前的科学家鞠了一躬，然后转过身来，指着墙上的圆说："圆周率是个重要的数学常数，在计算圆的周长和面积时经常会用到。"

这时怪怪老师从身后掏出一支粉笔，在墙上用力地写下几个字。现代的粉笔写在古代的墙上，让人感觉有点儿怪异，不过大家还是把怪怪老师写下的公式记在了心里："圆周长 $=\pi d=2\pi r^2$，圆面积 $=\pi r^2$。"

怪怪老师说："通过这两个公式，大家就可以计算生活里很多东西的周长和面积，就像开始我们说的钟面的周长、月饼的面积等。"

胖大力连连点头："回去我可以帮乌鲁鲁计算一下昨天他到底

吃了多大的月饼。他连一点儿月饼末都没留下，太不够意思了。"

　　大家都哈哈大笑起来。仅仅一瞬间的工夫，怪怪老师的声音低下来。他又朝着那位古老的科学家深深地鞠了一躬，然后转身对孩子们说："好了，现在我们准备回到百变教室，向着新的数学之旅启程吧！"

脑力大冒险

　　读完这篇好玩有趣的故事，同学们，你能真正理解圆的含义了吗？将你的理解写在下面。

第 六 章

回忆里的夏天

星期四早上的时候，怪怪老师一瘸一拐地来到学校。他的脚不知道在哪里崴了，走路要依靠拐杖先生帮忙。

看着怪怪老师龇牙咧嘴、疼痛难忍的样子，蜜蜜说："赶紧用魔法治疗一下，保证立刻治愈。"

没想到怪怪老师并没有这个打算，他皱着眉头想了想："这对我来说是一段难得的经历，我要充分体会生病的感觉。我打算从明天开始去医院住一段时间。"

蜜蜜觉得怪怪老师的想法真是匪夷所思："生病有什么好体验的，想起我那段发烧住院的经历，像做了场噩梦似的。"

怪怪老师最终还是去住院了，临走前他布置好了所有工作，并将这一周的数学课全部调整到下一周。

走的时候他站在门口，笑嘻嘻地摆摆手："同学们，下周见！"

没有怪怪老师在的这一周真是无聊极了，没有好玩的数学课，也不能去魔法世界里做游戏。

尤其是皮豆，他每天都会弄出点儿恶作剧，不是把蜜蜜弄得哭鼻子，就是把女王气得肚子鼓鼓的。

大家都唉声叹气，扳着手指头数着怪怪老师还有几天才会回来。

终于等到怪怪老师出院的这一天，同学们都振作起精神，把教室里里外外打扫得干干净净，就差没有张灯结彩、挂条幅庆贺怪怪老师归来了。

可是从医院回来的怪怪老师令大家大吃一惊，黄黄的脸，胡子拉碴，双眼毫无神采，衣服看起来也脏兮兮的，好像很久没有洗过。

总之怪怪老师整个人看起来老了好几岁。

怪怪老师出院后说的第一句话极其消沉：“人生简直糟透了，是一出彻底的悲剧，丝毫没有希望可言。”

“怪怪老师怎么回事，是不是崴脚时把脑子摔坏了，怎么老是胡言乱语呢。”

班长女王着急起来，她绝对不能容忍怪怪老师变得如此潦倒。

她拿出了女王的铁腕政策：“我们应该帮助怪怪老师振作起来，重拾宇宙第一帅老师的自信。”

蜜蜜对女王的建议表示同意，不过她觉得很有难度。

蜜蜜皱着眉头想了想：“怪怪老师肯定是遇到了极其不愉快的事情，我倒是有个主意，也许可以试一试。”

女王来了兴趣：“说来听听！”

蜜蜜用手指轻点下巴做思索状：“我们可以帮助怪怪老师回忆过去的一些英雄事迹，或许这样可以使他重拾信心。”

两人一合计，觉得这个办法可行。于是她们又开始绞尽脑汁地回忆怪怪老师到底有什么英雄事迹。

蜜蜜想破了头也没想出一星半点儿，倒是回忆起了不少糗事。

蜜蜜噘着嘴巴，握着铅笔在笔记本上乱画圆圈。突然她想起了一件事情。

上五年级的时候怪怪老师天天练习变身术，结果有一次很凄惨地变成了一个圆。那件事情实在太有趣了，蜜蜜忍不住笑了起来。

于是，蜜蜜为怪怪老师写了一张字条，字条上详细地叙述了

这件事情的来龙去脉。最后，她用红笔在纸上重重地写了一句话：

"我们还是更喜欢原来的怪怪老师。"

蜜蜜满怀期待地说："希望能够帮到他。"

第二天第三节是数学课，没想到怪怪老师一大早就来到教室。他刮了胡子，还穿了件崭新的白衬衣，脸上挂着久违的笑容，与前几天相比判若两人。

上课铃响了，怪怪老师变得有点儿激动，他的嘴唇微微颤抖着："昨天有两位同学帮我找回了曾经的一些回忆。我要感谢班里的同学们，幸亏有你们的帮助。"

他顿了顿："不然的话，我现在还是一个圆——"

他故意把圆的音节拉得长长的，用粉笔在黑板上画了个大大的圆。

怪怪老师的心情看起来比前几天好多了："今天的数学课，我们就围绕黑板上这个圆展开。"

他特别潇洒地在圆上选了两个点："我们在圆上任意选取两个点，假设是A和B，然后我们分别连接A点与圆心O，B点与圆心O。那么弧线AB与线段AO、BO之间围成一块区域。"

怪怪老师一口气说了好多，可仍没有停下喘口气的意思："我们用彩笔把这个区域涂满，大家看，这块区域像什么？"

"扇子，它像一把扇子……"皮豆第一个举起手站起来，生怕别人抢先说出答案。

"对极了。"怪怪老师很满意皮豆的答案，他冲皮豆赞许地笑笑，示意皮豆坐下。

"这块彩色的区域就是我们今天要学的新图形——扇形。现在大家回想一下，生活里有什么东西是扇形的？"

蜜蜜的脑子里浮现出很多画面："扇形的东西可多了，不过我最先想起的是夏天乘凉用的扇子和切好的西瓜。"

皮豆又开始故意捣乱："西瓜明明是一个球，怎么会是扇形，我可是经常在夏天扇扇子吃西瓜。夏天给我的记忆不怎么好，我有一双夏天的凉鞋，磨脚磨得厉害……"

皮豆的这番话又激怒了女王，她一下从凳子上站起来："豆皮儿，你怎么总是搞不清楚状况，现在我们说的是扇形，不是夏天……"

"呃，这个嘛，"怪怪老师赶紧插话，他显然想为皮豆解围，"其实我想说，夏天留给我的回忆倒是很不错的，不过……"

怪怪老师继续把话题扯到西瓜上："西瓜切好后的表面是扇形，没有切开时确实是一个球形，所以皮豆的话还是有点儿关联的。"

女王终于不吭声了，慢慢坐到座位上。

怪怪老师突然用手扇起风来："天好热，不如我们先吃块西瓜，顺便温习一下今天学到的扇形和球形的知识。"

博多兴高采烈地欢呼起来："这主意真不错，西瓜又甜又解渴，是我的最爱！"

一直沉默冷静的十一脸上也有了笑容："上节体育课刚刚长跑回来，真的有点儿渴呢。"

怪怪老师不知用的什么魔法，他先用外套罩住讲桌，口里念念有词。然后他把外套一拉，讲桌上立刻出现了好多西瓜，有切好的扇形西瓜，也有没切好的完整的球形西瓜。

大家都觉得不可思议："这真是太神奇了。"

怪怪老师利落地把一个西瓜一切为二，然后指着切开的横截面问："谁能告诉我，这是什么形状？"

胖大力笑了起来："怪怪老师你又忘记了呀，这不是你变成的那个圆吗？"

教室里其他人也哄笑起来。

怪怪老师也不生气，自顾自地说："蜜蜜说得很对，球形的西瓜切开的横截面是一个圆，所以我们也可以说，球与圆是有联系的，大家说对吗？"

同学们异口同声地回答："对！"

怪怪老师点点头接着说："我们刚刚讲到，扇形是从圆上取出任意两点，两点之间的弧线以及连接两点与圆心的线段组成的区域，现在的球形又与圆有联系，所以可以得出一个结论，那就是球形与扇形都跟圆有密切的联系。"

博多突然开口了："如果说球形与圆有联系的话，圆有半径和直径，那么球肯定也有半径和直径。"

"对极了！"怪怪老师讲课简直到忘我的境界了，完全融入对扇形和球形的想象中。

皮豆舔了舔干干的嘴唇，黑眼珠转啊转啊，好像在想什么鬼主意。

突然他举起手来："怪怪老师，到底什么时候可以品尝一下讲桌上的西瓜，看得到吃不到好痛苦。"

女王的眼神锐利地扫了皮豆一眼，皮豆吓得哆嗦了一下，赶忙不说话了。

怪怪老师不好意思地抓抓头发："哎呀，光顾着说球的半径和直径了，把这么香甜的西瓜忘记了，大家请放开肚子吃吧。"

虽然西瓜是怪怪老师变出来的，不过味道还真不赖呢。美美和蜜蜜两个胃口较小的女孩子都吃了好几块。

皮豆吃得最多，也不怕把胃撑坏，吃饱后，皮豆打了个响亮的饱嗝。

女王嚷嚷着："皮豆太不文雅了，我强烈建议你向十一学习一下。"

皮豆一听，赶紧捂住嘴巴，强忍住再次打嗝的冲动。

他又不放心地补充了一句："这次我真的把嗝憋回去了。"

同学们都被皮豆有趣的样子逗笑了。

吃完西瓜，怪怪老师意犹未尽地抹抹嘴唇："今天学习了扇形和球，我们还知道了球有半径和直径。在下课前，我问大家最

后一个问题，谁能根据以往学过的知识总结出球的半径和直径的概念？"

同学们立刻举起手来，大家争先恐后地抢答："怪怪老师，这个我会，我会……"

怪怪老师示意最不爱在课堂上发言的十一回答。

十一对这节内容掌握得很熟练："连接球心到球面任意一点的线段，叫球的半径，球的半径有无数条；连接球面两点并通过球心的线段叫球的直径，球的直径也有无数条。"

怪怪老师乐呵呵地点头表示满意："今天的西瓜很好吃，今天的数学课我也很满意，今天的记忆我会永远留存，下课！"

脑力大冒险

原来球和圆并不是一种东西呀，读完这一章后，蜜蜜在笔记本上写下了自己对球和圆的一些认识，你觉得她说得对吗？

"球与圆一样，既是中心对称图形，又是轴对称图形。圆以它的一条直径为轴，旋转一周就形成了球。"

第七章

时间都去哪儿了

期中考试数学成绩下来了，博多又是无可争议的第一名。当他拿着满是红对号的数学卷子从讲台上走下来时，其他人都只有眼馋的份儿。

　　皮豆是心理最不平衡的，因为他又是没有悬念的最后一名。照常人的思维，皮豆天天调皮捣蛋外加恶作剧不断，应该能够顺理成章地接受自己得了一个差名次。可在数学考试这事上，皮豆竟然有很强的自尊心。他从小卖部买回一个崭新的笔记本，决定开始做数学笔记。这还不算，他还在笔记本的第一页重重地写上几个大字："皮豆同学，再不努力，你未来的人生将会黯淡无光。"

虽然皮豆下定决心改变自己，可是命运之神好像故意捉弄这个不服输的男孩。他已经做到每天像只陀螺一样转个不停，忙得几乎筋疲力尽，可他的数学成绩仍然是最后一名，稳固程度令皮豆自己都感到惊讶。

星期二第一节是数学课，怪怪老师一大早就来到教室里。他一会儿捋捋头发，一会儿又拉拉领口，一副急火火的样子，显然没做好充足的上课准备。

上课铃响了，怪怪老师说："哎呀，早上的时间好紧张，好多事情还没做完时间就到了。"

大家仔细观察怪怪老师，果然有点儿邋里邋遢。蜜蜜低头拣铅笔时，竟然发现怪怪老师穿了一双完全不相配的袜子。

蜜蜜小声嘀咕说："怪怪老师这个样子可不讨女生们喜欢！"

怪怪老师不好意思地挠挠头说："我今天充分体会到了时间的重要性。我打算这节课带大家去魔法世界走一遭，那里有一位很会安排时间而且取得巨大成功的伟人。"

同学们都兴奋不已，满怀期待地盼望着接下来的旅程。

怪怪老师施展时空穿梭术，教室里立刻呼啸着吹起一阵风，同学们都晃晃悠悠地飘到了半空。

一会儿工夫，风停了，大家落在了一个安静的老房子里，面前站着一个女巫。

这时候怪怪老师冒出一句特别奇怪的话："呃，请问您是谁？怎么会出现在这里！"

这个傻里傻气的问题令在场的所有人都抓狂起来。

女巫很不高兴："这个问题应该我问你才对，你为什么会出现在我的院子里？"

女王焦急地叫起来："哎呀，一定是怪怪老师的穿梭术又出现失误了，我的天哪，这可怎么办才好？"

怪怪老师好像突然想起了什么，意识到了问题的严重性，说话语调也和缓了很多："请问，亲爱的女巫，您是不是魔法世界那位著名的忙碌女巫？"

女巫的眼睛又眯起来："我的确是那位最忙碌的女巫。"

大家都看见怪怪老师的汗顺着脸颊淌下来。这时候，博多嘀咕道："知道吗，这位忙碌女巫其实是魔法世界最不会利用时间的人。"

大家很快就见识到了忙碌女巫到底有多忙。

她煮了南瓜粥款待大家。在南瓜粥未熟的这段时间内，忙碌女巫急坏了，不停地念叨："哎呀，粥怎么还不熟，我还有好多事情没做呢。我的衣服没洗，我的画没画。"

40分钟后，南瓜粥终于熟了，忙碌女巫这才放心地去喂猫。可是不一会儿，她又念叨起来："哎呀，我今天还没听音乐呢。"

于是她急匆匆地喂完猫，又听了半个钟头的收音机。

　　一上午过去了，忙碌女巫也没有做完几件事情。可即使这样她还累得坐在椅子上喘着粗气："哎呀，我实在太忙了。"

　　大家都明白了忙碌女巫的问题出在哪里。

　　皮豆的脸有点儿发烫，他觉得自己就是忙碌女巫的翻版。他心里暗暗想着："尽管这次没有见到真正的高人，不过收获也很大。"

　　从魔法世界回来后，皮豆决定向博多请教如何合理地安排时间。

　　博多递给皮豆一张纸。那上面是一张时间的条形统计图，是博多一天的时间安排。

　　条形统计图上显示，博多一天中睡觉花去8小时，学习用掉9小时，活动大约用4小时，吃饭约1.5小时，其他时间大约用去1.5小时。

博多说："其实我还有做杂事的时间，都隐藏在这些时间里面了。比如说，我打扫卫生的同时在听音乐；早上我也煮南瓜粥，40分钟的等待时间里有30分钟可以学习，所以看起来我的时间多出好多。"

皮豆对博多佩服极了。他暗想："怪怪老师其实不用去魔法世界求教，只需找博多就能解决问题。"

第二天数学课，上课铃响了，怪怪老师还没来。过了好一会儿，他才匆匆忙忙地跑进教室："不好意思，我迟到了。"

怪怪老师急得来不及喘口气："时间太紧张了，我们赶紧翻开书，认识一下本节课要学的各种统计图。首先是条形统计图……"

怪怪老师还没说完，皮豆就把手高高地举了起来："怪怪老师，我手中就有一张关于时间的条形统计图。"

说完，皮豆把那张博多的时间统计图递给了怪怪老师。

怪怪老师看完后半晌没说话，过了好一会儿，他才若有所思地说："不得不承认，博多的时间安排很合理，值得同学们学习，或许这正是博多屡次获得好成绩的原因。"

怪怪老师把话题一转："不过，最好有一张统计图能够让大家清晰地看出每项活动在24小时里所占的比重。"

蜜蜜悄悄问博多："会有这样神奇的图吗？还能看到比重，这个应该不好办吧？"

怪怪老师拉长了声音说："看我的！"

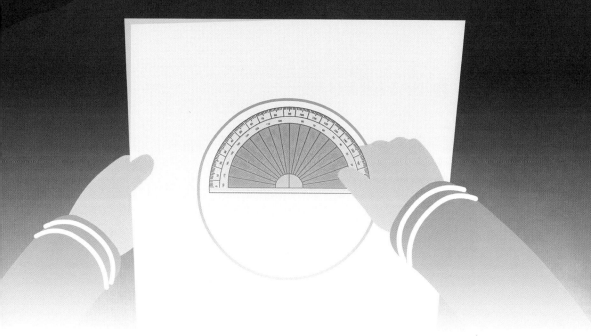

话音刚落，怪怪老师就开始施展变身术。

只见他的身体慢慢地矮了下去，手臂和大腿都变得圆鼓鼓的，不一会儿，怪怪老师就变成了一个大大的圆。

不过令人奇怪的是，这个圆里面包含着5个大小不同的扇面。每个扇面上面还标着不同的数字，较大的两个扇面分别写着9小时和8小时，还有三个更小的扇面分别写着4小时、1.5小时和1.5小时。

怪怪老师开口说话了，声音变得有点儿怪，或许跟他的嘴巴也变得圆鼓鼓的有关系："我现在的样子是不是很丑，哈哈，就当我为教学事业献身了。"

他自嘲了一会儿，然后回归正题："大家现在看到的这种统计图就是扇形统计图。它是利用圆和扇形来表示总体和部分的关系，即用圆代表总体，圆中的各个扇形分别代表总体中的不同部分。"

皮豆突然提出了自己的意见："扇形面积的大小能反映部分占总体的百分比吗？"怪怪老师点点头："当然可以！这是扇形统计图最大的特点。"

怪怪老师又提出问题："你们仔细观察我变出的扇形图，各部分时间占24小时的百分比是多少？"

女王手托腮想了想："这个可以计算一下。9小时占24小时的37.5％，8小时占24小时的33.3％，其余三部分分别占24小时的16.7％、6.25％和6.25％。"

怪怪老师很满意女王的表现："所以，各种活动所占用的时间比就一目了然了。"

怪怪老师一下又变了样子，身上那几个扇面上的小时数全部变成了百分数。

皮豆拍手笑着说："这种表示方法最好了，能不时地提醒我们：时间宝贵，切勿浪费！"

怪怪老师很高兴："没想到皮豆也开始体会到时间的宝贵了。不过珍惜时间不止体现在不浪费上，合理安排时间才是对时间最好的利用。"

AR
扫一扫，看动画

怪怪老师接着说："博多的时间计划表教会我们很多东西。我们要做时间的主人，而不是像忙碌女巫那样沦为时间的奴隶！"

同学们都同意怪怪老师说的话。

这时，博多突然站起来："怪怪老师，刚才我们已经学习了条形统计图和扇形统计图，我记得课本上还讲过一种折线统计图。"

怪怪老师惊讶极了，不得不对博多佩服至极："博多的记性真好，确实有种折线统计图。"

怪怪老师一下子变回了他本来的面目："大家还记得五年级时候的事情吗，当时我们去医院收集了很多数据，绘制了好几个折线统计图。"

皮豆激动地喊起来："记得记得，我当时还立了大功呢。"

怪怪老师微笑着点点头："所以我今天布置的家庭作业是：学着博多做一份时间计划表，并绘制成折线统计图，明天交给班长女王。现在下课！"

脑力大冒险

博多把自己的时间安排做成了条形统计图，你能把一天的作息时间安排绘制成扇面统计图吗？请画在下面空白处吧。

第八章

变不出魔法的
星期三

菠萝柚子茶是怪怪老师的最爱，他最喜欢在没有课的星期三下午做上一杯。柚子茶呈现淡淡的黄色，里面漂浮着花生米大小的菠萝块，喝起来酸酸甜甜的，特别对怪怪老师的口味。

又是一个晴朗的星期三下午，校园里静悄悄的。怪怪老师喜欢这种安静，不像他上数学课的时候，不仅大脑需要飞速地运转，还要绞尽脑汁应付那帮爱捣乱的孩子们。

他像往常一样，把切好的几片柚子和菠萝块放到瓷杯里，然后往杯里冲了一点儿热茶。突然怪怪老师有了个新想法："不知道换个配方的话，菠萝柚子茶的味道会不会更好呢？"

AR
扫一扫，看动画

酷爱尝试新鲜事物的怪怪老师决定试一试，他重新想了一个配方，往杯里加了一勺朱古力，又加了几粒蓝莓果，又加了几滴番茄汁。那杯淡黄色的菠萝柚子茶慢慢变了颜色，成了一杯暗红色的混合果汁。"就叫它'星期三么么茶'吧。"怪怪老师说。

怪怪老师用嘴唇轻轻地抿了一口。"哎呀，"他轻轻喊出了声，"味道爽甜可口，还真是不赖呢。"

怪怪老师一口气喝完了一大杯，觉得还不过瘾，又喝了第二杯、第三杯……

一会儿工夫，怪怪老师喝了六大杯果汁，肚子变得圆鼓鼓的。"明天，一定要让女王、皮豆他们也尝尝星期三么么茶的滋味。"怪怪老师心里想着。

第二天，怪怪老师早早地来到教室，他的心情好极了。可是不知道为什么，他总觉得全身软软的，像踩在海绵上，有点儿使不

上力气。

女王小心翼翼地问："怪怪老师，请问您出门前有没有发现自己与平时不一样的地方？"

怪怪老师乐呵呵地说："当然有啦，我今天比以前更开心，因为我给大家带来了自己亲手做的星期三么么茶。"

女王摇了摇头，她好像并不在乎什么星期三么么茶。

班里的同学们好像也对怪怪老师的新花样没兴趣。

怪怪老师奇怪极了，要是在平常，大家肯定会欢呼着跑过来问："什么是星期三么么茶？"

可今天，教室里静静的，好像发生了什么不好的事情。班里的同学们都直勾勾地看着怪怪老师，好像面前站着一个怪人。

皮豆终于忍不住了："怪怪老师，难道你没有觉察到有什么异样吗？你的头发正在变白，脸上的皮肤也在变白！"

怪怪老师吓了一大跳，他猛然间看到自己那双漂亮的手确实正在慢慢地变白。

怪怪老师吓坏了，惊声问："这到底是怎么回事？"

不过怪怪老师终究是见过大世面的人，片刻惊慌后他镇定地说："没关系的，我可以用魔法使一切恢复原样。"

怪怪老师开始施展变身术，他闭上眼睛，喊了一遍咒语。可当他睁开眼睛后，发现自己还是一副白头发白皮肤的怪模样，一切都没有变化。

大家都开始议论纷纷："魔法怎么失效了，是不是怪怪老师改良了旧魔法？"

怪怪老师突然变得失魂落魄起来，无力地说："我变不出魔法了。"

"天哪！"同学们都大惊失色。

怪怪老师慢慢地从座位上站起来："这节数学课，大家上自习吧，我要一个人回去静一静！"

说完，怪怪老师垂头丧气地走了，顺手带走了那杯星期三么么茶。

怪怪老师走后，教室里立刻炸开了锅，大家叽叽喳喳地议论着。

蜜蜜焦急地说："怪怪老师实在太可怜了，年纪轻轻却变成了一个白发老爷爷。"

女王也皱着眉为怪怪老师的数学课堂担忧："难道数学课以后只能一成不变了？"

只有博多眼睛望着天花板，好像在思考着什么。

皮豆用胳膊肘捅捅博多："喂，书呆子，发什么愣？这时候好像应该双手合十为怪怪老师祈祷吧。唉，就算你是聪明的一休，这件事情也不会有什么转机了。"

博多突然喃喃自语："刚刚听怪怪老师说什么星期三么么茶，会不会问题就出在这里？"

博多忽然想起了什么，推开教室门跑了出去，留下独自发呆的皮豆："这个书虫真是呆得可以，还真把自己当福尔摩斯了。"

隔天的数学课，上课铃响了，怪怪老师没来。体育老师走进来："同学们，这节数学课改成了体育课，现在跑步去操场！"

在跑步去操场的路上，博多悄悄地对皮豆说："想不想帮助怪怪老师？"皮豆摊摊手，表示无能为力。

博多有点儿着急了，故意撞了一下皮豆，让皮豆一个跟跄。博多说："不用你出主意，只需要配合我的工作就可以！"皮豆无奈地答应了。

当天上午放学后，大家都接到了博多的通知："下午一点，学校后山大槐树下见。所有人务必到场，否则罚下学期打扫一学期的教室卫生。"

下午一点钟，皮豆第一个来到大槐树下，他远远地看见博多急匆匆地往这儿赶，手里还拿着一张白纸。

等大家都到齐后，博多才轻轻地展开手里的白纸。原来那不是一张普通的白纸，而是线路图。图上路线七拐八绕，还标着东南西北几个方向。

博多慢慢地解释给大家听："大家还记得五年级时我赢得的魔法魔方吗？它带我穿越时空到怪怪老师做星期三么么茶的下午，果然发现了问题！"

博多不紧不慢地说："怪怪老师就是在喝了六大杯么么茶后，才发生那些反常变化的。"

"那我们该怎么办？"女王着急地问。

"魔法魔方告诉我，从学校后山一直往东走，翻越三座石山后，就会发现一个石洞。石洞中心南偏东40度位置的角落里有本魔

AR
扫一扫，看动画

法书，它可以帮助怪怪老师。"

女王火急火燎地对大家说："我们赶紧出发吧，怪怪老师等不及了呀！"

同学们赶紧集合成一个寻书小队，女王喊了声："出发！"

大家从学校后山出发往东走去。很快，寻书小队走进了一片森林。森林里又黑又潮湿，还有长长的藤蔓挡住大家的去路。路太难走了，连地图也失去了作用。

皮豆耐不住性子，最先嚷嚷起来："哎呀，真倒霉，今天实在不该冒这个险！我看书是找不到了，我们能不能顺利走出森林还是未知数。"

女王狠狠地瞪了一眼皮豆，握紧了拳头说："再说废话，小心我们把你自己丢在这儿！"

皮豆赶紧闭上了嘴巴，不过他的话还是影响了大家的情绪。

女王打开线路图看了看："图上说首先找出东北、西北、东南、西南四个方位，然后再往东南方向走。可是这四个方位该怎么找呢？"

博多环顾四周，又抬头看看。太阳还高高挂在天上，在地上投下淡淡的影子。

博多突然面朝树影的方向，双手比画了一下："我手臂指向的右前方是东北方向，左前方是西北方向，相反的方向分别是西南方和东南方。"

蜜蜜疑惑地问："你是怎么知道的？"

博多不慌不忙地说："我们在北半球，太阳在我们的南面，树的影子指向北方，所以我面向北方，可以迅速分辨出方向。"

博多话音刚落，大家都发出惊叹声："博多实在太厉害了，真是全能小博士呢。"

寻书小队按照线路图指示往东南方走去，很快大家翻越了第二座石山，来到第三座石山前。

天快黑了，太阳早就落下去了，风有点儿凉。

女王突然叫起来："大家快看，山腰上竟然有雪，真的好冷。我们赶紧打开线路图看看应该往山的哪边走。"

博多打开线路图，图上显示应该往山的北偏东50度方向走一小段路。

"北偏东50度？可是太阳下山了，树影没了，这可怎么办？"

于果眼睛眨巴眨巴地转个不停，转过头问博多："小博士，这下你有什么好主意？"

博多抬头看了看山腰的积雪："科普书上说过，积雪少的是南方，所以我们可以通过这点找到正北方，然后沿正北方向往东偏50度前行就可以了。"

　　大家根据博多的指点很快又找到了北偏东50度的方向。

　　就这样，大家顺利地绕过了第三座石山。

　　很快，博多发现在石山南偏西45度方向上有一个石洞。

　　博多说："这个石洞的方位特征符合线路图里的描述。我们进去看看。"

　　石洞里有点儿黑，不过仍能隐约看到里面的情景。

博多又打开线路图："南偏东40度方向有魔法书！"

"南偏东40度方向？我们快去找。"蜜蜜喊道。所有人都抓紧行动起来，想第一个找到魔法书。

一直默默不语的十一忽然高兴地叫了起来："太好了，魔法书找到了，它恰巧在我的南偏东大约40度方向上。"

皮豆没想到头功被十一抢去了，有点儿沮丧："这是怎么回事，南偏东40度方向根本不是那个方位嘛。那明明是我的南偏西40度！"

博多笑着说："这涉及一个秘密。所有的方位都是相对的，对十一来说是南偏东40度，对皮豆来说却是南偏西40度。因为，十一恰好在石洞的中心，而皮豆在十一的东边。"

脑力大冒险

我们在没有指南针的情况下，可以借助自然界的一些特征判断方向。太阳是由东向西移，而影子则是由西向东移。例如，早晨6时，太阳从东方升起，一切物体的阴影都倒向西方；到中午12时，太阳位于正南，影子便指向北方；到下午6时，太阳到西边，影子则指向东方。结合自身的情况体验一下上面的话吧。

第九章

巧克力豆

来救场

一大早，怪怪老师来到教室门口，看到大家正围在皮豆的桌子旁。他走过去问："同学们，你们在做什么呢？"

　　"是怪怪老师啊。皮豆带来了好吃的蛋糕，您要不要也尝一块？"胖大力回过头来，手里拿着咬了一半的蛋糕，嘴角还有蛋糕渣子，含糊不清地说。

　　博多端了一块上面带着草莓的小蛋糕给怪怪老师。

　　"这个蛋糕是我家附近新开的蛋糕店做的，怪怪老师，您觉得怎么样？要不要再来一大块？"

　　怪怪老师咬了一口，点点头："味道还不错，不过……"

　　"不过什么？"

　　"不过我来之前刚刚吃过一块无比美味的蛋糕，现在有点儿吃不下了。"

　　"无比美味的蛋糕？怪怪老师，您是在哪儿买的啊？"胖大力一听说有美味无比的蛋糕，就激动无比。

　　怪怪老师摇了摇头，说："蛋糕是我的朋友从他的工厂里直接取出来给我的，市面上并没有卖。"

　　看到大家失望的表情，怪怪老师话锋一转："不过我可以带你们去参观一下，见一见经理，说不定他愿意把蛋糕送给你们尝尝。到了工厂以后大家要遵守秩序，知道吗？"

　　"知道了，怪怪老师！现在就带我们去吧！"

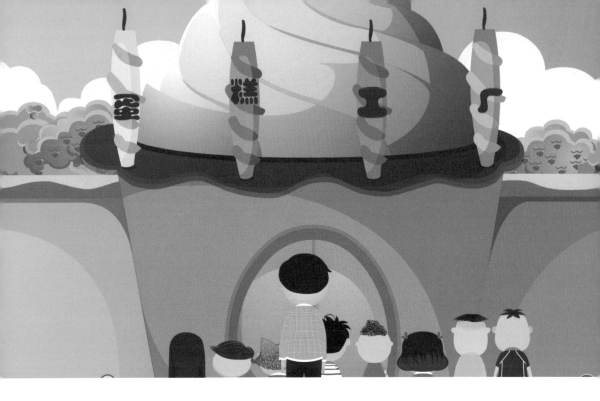

怪怪老师一挥手，周围教室立刻消失，出现在大家面前的是一扇蛋糕形状的大门，上方的奶油上面还插着四根蜡烛，蜡烛上有四个大字：蛋糕工厂。

"已经能闻到蛋糕的香气了！"胖大力伸长脖子陶醉地闻了闻。

怪怪老师一招手，大家跟在怪怪老师后面一齐朝大门的方向走过去。

走进蛋糕工厂的大门，大家都惊讶地张大了嘴巴。只见工厂像森林一样，同学们脚底踩的是类似草地的抹茶蛋糕，而旁边的小河里流的是奶油，还有不同的水果树，有苹果树、桃树、樱桃树。在樱桃树旁边还有背着筐子的小精灵正在采摘水果。

这时候从远处飞过来一个戴着王冠的小精灵，穿着一身西装，脖子上带了一串彩色巧克力豆串起来的项链。他看见怪怪老师，热情地说："是你啊怪怪，早上我们不是刚见过面吗？怎么样，蛋糕好不好吃？"

"当然，我从来没吃过这么好吃的蛋糕。同学们，这位就是精灵王国蛋糕工厂的经理。"

精灵经理在半空中向大家鞠了个躬："原来是怪怪的学生，你们好，我和怪怪是多年的老朋友了，很高兴见到你们。"

"经理您好！"同学们也一起鞠躬回答。

怪怪老师对自己学生的表现很是满意，高兴地说："早上吃了你给我的蛋糕觉得很好吃，所以想带学生们来参观一下你的工厂，顺便还想再找你讨几块蛋糕尝尝。"

精灵经理摸了摸下巴，说："带你们参观一下是可以，不过蛋糕可能要等一会儿才能吃到。我们现在正在赶制一批精灵女王的订单，等交完订单才能给你们多余的蛋糕。"精灵经理带大家走到一棵樱桃树下，小精灵们正将采摘的樱桃放进树下的大筐里。"我们的蛋糕只供应精灵王国皇室，所以每一道程序都很严谨，就连蛋糕上的水果都是我们亲自采摘。"

蜜蜜仰着头看着樱桃树，感叹道："每颗樱桃连大小都完全一样呢！"

"那当然，我们对水果的要求是很高的。"精灵经理骄傲地昂起了头。

这时候，突然飞过来一只小精灵，着急地说："经理！经理！不好了！冰库的制冷设备出现故障，我们蛋糕最后一步装饰所需要的水果全部腐烂了！可是，还有一小时精灵女王的使者就要来了！"

精灵经理大吃一惊："精灵女王指定要我们工厂生产最新型蛋糕，现在没有水果可怎么办啊？"

女王出了个主意："没有水果，可以用别的东西代替吗？"

"我们的水果是特别为这个蛋糕准备的，有红黄绿紫四种颜色，红色的是樱桃，黄色的是菠萝，绿色的是猕猴桃，紫色的是葡萄。这些水果都是早就储备下的，现在找其他材料替代，从哪儿找这么多颜色的替代物呢？"

　　蜜蜜四下里瞧了瞧，忽然看到了精灵经理脖子上的巧克力豆项链，有了办法："我看您脖子上的巧克力豆就不错，颜色也挺多的！"

　　精灵经理眼睛一亮："对啊，我怎么没想到！巧克力豆我们可以很快生产出来的！可是我们需要多少呢？"

　　"我的学生们数学水平不错，他们或许可以帮你。"怪怪老师胸有成竹。

　　精灵经理感激地点点头，立刻招招手，接着有两个小精灵拿着一个彩虹色的圆形蛋糕飞了过来。蛋糕从侧面看是彩虹色，从上面看是白色。

　　"哇，好漂亮的蛋糕啊！"蜜蜜好想尝一尝。

　　精灵经理解释道："根据我们的设计，蛋糕上不同颜色的区域

用相应颜色的水果装饰，现在改用巧克力豆装饰。目前一共有三种尺寸的蛋糕。它们的面积分别是48平方厘米、36平方厘米和12平方厘米。要求用红色、黄色、绿色和紫色装饰，所占蛋糕表面积的比例分别为$\frac{1}{3}$、$\frac{1}{4}$、$\frac{1}{6}$、$\frac{1}{4}$。"

皮豆反应最快："那么红色一共需要$48 \times \frac{1}{3} + 36 \times \frac{1}{3} + 12 \times \frac{1}{3}$这么多。这个式子还挺长的，第一部分就有48个$\frac{1}{3}$相加呢……"

怪怪老师提醒道："当分数和整数相乘的时候，用分子乘整数的积作分子，分母不变。"

"也就说$48 \times \frac{1}{3} = \frac{48}{3}$，也就是48除以3等于16！果然要简单多了呢，那同样的方法可以把后面的也算出来。"皮豆有点儿明白了。

一直在旁边认真聆听的博多说："其实还有个更简单的办法，就是把这个式子三个部分中的 $\frac{1}{3}$ 都提取出来，然后剩下部分相加，就是 $\frac{1}{3}$ ×（48+36+12）=32平方厘米。"

$$\frac{1}{3} \qquad \frac{1}{3} \qquad \frac{1}{3}$$
$$(48 \times \quad +36 \times \quad +12 \times \quad)$$

皮豆恍然大悟："这不是我们四年级时候学过的结合律吗？原来在分数运算中也同样适用啊。那用结合律计算，黄色和紫色所占面积相同，是 $\frac{1}{4}$ ×（48+36+12）=24平方厘米。绿色面积就是 $\frac{1}{6}$ ×（48+36+12）=16平方厘米。"

蜜蜜转身问精灵经理："请问经理，这次订单的数量是多少呢？每一颗巧克力豆的面积又有多大呢？"

"每种面积的蛋糕都是50个。每个巧克力豆的面积正好也是1平方厘米。"

"这样就算出来了，红色的巧克力豆需要32×50=1600颗，黄色和紫色的巧克力豆各需要1200颗，而绿色的巧克力豆需要800颗。"女王说道。

精灵经理转头对小精灵说："立刻按这位女士说的数量去生产巧克力豆，并对蛋糕进行最后的装饰！"

不一会儿，精灵女王的使者到了，精灵经理把做好的三种蛋糕都摆在使者面前。皮豆他们躲在角落里，紧张地看着经理那边的情况。

使者拿起一块蛋糕观察了一下，问："这上面的豆子是巧克力豆？没想到你竟然知道精灵女王最近喜欢吃巧克力豆，看来你真的对工作很认真。我会把蛋糕带给精灵女王，精灵女王一定很满意。"

一直神色紧张的精灵经理松了口气，擦了擦头上的汗。角落里的同学们也放下心来，互相击掌庆祝。

送走了使者后，精灵经理招呼同学们："怪怪，你和你的这些学生们真是我的福星，要不是你们，我今天要搞砸这个大单子了！看来以后我们也要加强数学知识的学习了。"

博多推了推眼镜说："怪怪老师平时就告诉我们，数学知识可以解决生活中的许多问题。"

"那个男孩，你怎么了？是不舒服吗？"精灵经理指着左顾右盼的胖大力问道。

胖大力不好意思地摸摸后脑勺："我，我只是在想，现在精灵女王的使者也走了，我们是不是可以吃蛋糕了？"

"哈哈哈，是啊是啊！我是该好好设宴款待一下帮助了我的小老师们啦！"精灵经理哈哈大笑。

脑力大冒险

周日对十一来说真是倒霉的一天，他本来想让爸爸骑自行车带他去图书馆还书，但是5公里的距离才骑了 $\frac{3}{4}$ 自行车就坏了，剩下的距离他只好步行。从图书馆出来去医院看望奶奶，附近没有到医院的公交车，3公里的路程，他走了 $\frac{1}{4}$ 才遇到了合适的公交车。从医院出来坐公交车回家，真是倒霉到喝凉水都塞牙，一共4站4公里的路程，坐了3站公交车又坏了，无奈，十一最后又走回了家。你知道倒霉的十一今天一共走了多少路吗？能用简便的方法算出来吗？

第十章

侦探们与"太阳之神"

　　早上，博多穿着一身福尔摩斯的侦探服走进教室，颇有些大侦探的味道，引得同学们赞叹不已。

　　蜜蜜更是迎上前，称赞博多："博多，你这件衣服真好看，像电影里的侦探一样。"

　　十一也跟着上前，开口道："我知道，这是大侦探福尔摩斯的衣服！"

　　女王听着十一笃定的口气，疑惑地问："福尔摩斯是谁啊？"

　　"福尔摩斯，是著名侦探小说中的主角，生活在19世纪末的英国伦敦。"博多颔首微笑，抬手轻抚着头上那顶侦探帽的帽檐，继续说道，"他和助手华生一起侦破了许多疑难大案，是个非常了不起的侦探！"

在一旁一直听他们说话的皮豆很感兴趣："哇，那一定很有趣！我要是能成为名侦探就好了。"

这时候怪怪老师走进教室，看到大家围着穿着侦探衣服的博多，聊得热火朝天，不禁走上前去，道："博多今天打扮得很帅嘛！"

"我也想当一回侦探。"皮豆羡慕地说。

怪怪老师想了想，说："正好最近魔法世界发生了一起盗窃案。既然你们想体验做侦探的感觉，索性就让你们当一回侦探吧！"

说完怪怪老师一挥手，大家就穿着博多的同款侦探衣服，站在了一个看似福尔摩斯时代的伦敦街道上。

"果然穿上这身衣服，就觉得自己是个侦探了呢！"蜜蜜的声音依然甜美。

皮豆也一贯风风火火的作风，冲到怪怪老师面前，拉着怪怪老师的衣服说："怪怪老师，不是说发生了盗窃案吗？我们快去把丢了的东西找回来吧！"

怪怪老师做了个双手向下压的手势，让大家少安毋躁："其实我也只是听说盗窃案发生，恐怕我们要先去警察局问问具体情况。"

众人还没迈出步子，就听一个卖报小孩的声音响起："号外！号外！警方消息，大盗巴德清晨送来线索！八小时内破解线索就能找到'太阳之神'！"

怪怪老师叫住卖报纸的小孩："请等一下，我要一份！"他翻开报纸，看到报纸上有一整版的相关报道，配图是大盗巴德留下的纸条，画着一个折线图，下面有一句话：下雨天我们将在玫瑰花丛中相逢。

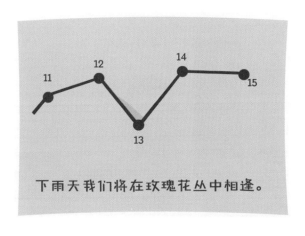

下雨天我们将在玫瑰花丛中相逢。

报道中还说，警察现在也拿这个大盗束手无策，只能公开线索，让城市里的聪明人一起参与调查，希望可以早日找到大盗巴德，找回"太阳之神"。

"'下雨天我们将在玫瑰花丛中相逢'？这是什么意思？"这是皮豆的声音。

蜜蜜双手合十，说："这应该是句诗吧，没想到大盗巴德还是个浪漫的人。"

十一一副不屑的样子，撇撇嘴说："有吗？分明是在故弄玄虚。"

女王则更投入在案情中，问道："怪怪老师，'太阳之神'是什么？"

"'太阳之神'是一块非常美丽的宝石，相传它的光芒可以和太阳媲美。"

当大家沉浸在对"太阳之神"的想象中时，博多突然严肃地说道："关于这个折线，我有点儿想法。大家看，折线有高有低，但转折点上的数字都是递增的，所以说明折线的起伏和数字的大小无关。我注意到这张报纸的右上角有一个星期的天气情况，而日期正好是11号到16号，和折线上的数字吻合。所以我猜测，这个折线的起伏应该和这个星期的某个数值有关。

女王问道："可是每天发生那么多事，我们怎么知道这个数值是什么？"

蜜蜜听着他们的分析，嘴里咕哝着巴德留下的那句诗，突然想到了什么："今天是16号，11号到15号都在下雨，而纸条上的提示中又有'下雨天'三个字，折线图表示的会不会是降雨量？"

　　大家听了蜜蜜的话，又看这张折线图，只画到"15"就截止了，而雨也正好是15号就停了。

　　"去一趟这儿的气象局，就明白了。"怪怪老师沉声说道。

日期	降雨量（毫米）
11日	20
12日	22
13日	47
14日	23
15日	73

日期	降雨量（毫米）
11日	100
12日	120
13日	70
14日	130
15日	130

日期	降雨量（毫米）
11日	10
12日	20
13日	50
14日	70
15日	40

日期	降雨量（毫米）
11日	50
12日	60
13日	70
14日	30
15日	50

大家走进气象局，发现在大厅中间就挂着四张表格，每张表格中都有11号至15号的降雨量，因为观测点不同而各不相同。

正当他们看着折线图思考时，背后传来工作人员的声音："你们好，请问有什么需要帮助的吗？"

"请问您知不知道哪个观测点和玫瑰花丛有关？"怪怪老师问道。

工作人员想了想，说："抱歉，据我了解，这四个观测点每个地方都有玫瑰花丛。"

"要先确定我们要找的是哪个观测点才行。"皮豆说。

蜜蜜听了皮豆的话，转头问博多："博多，你有什么好主意吗？"

"我想把每个观测点11号至15号的降雨量折线图都画出来，然后和纸条上的折线做比对。如果有完全重合的，那就既能证明折线代表降雨量，又能找到对应的观测点。"

怪怪老师点头肯定了博多的想法，说："这样吧，蜜蜜、女王、博多、十一，你们四个同时开始绘制折线图。四个人在绘制过程中，横纵轴的单位要统一。就定横轴是日期，间距和纸条上一样是一厘米，纵轴是降水量，一厘米就是10毫升。至于画法，我上课的时候讲过，你们还记得吗？"

十一说："当然记得，先画坐标轴，再根据对应的数值描点，最后把点与点之间用直线相连。"

随着十一的回答，大家纷纷画了起来。不一会儿，从四个方向伸过来四张纸并在一起，是四张不同的折线图。

皮豆把巴德留下的那张报纸上的折线图拿过来一比对，发现女王画的第二张和折线图一模一样！

女王说："我是照着第二张表格画的，看来第二张表格对应的观测点，就是我们要找的地方喽！请问，第二张表格对应的观测点在哪里？"

工作人员回答道："是城市中央的浪漫广场。"

"那我们现在就出发吧！"皮豆兴奋地说道。

在怪怪老师魔法的帮助下，大家瞬间就到了浪漫广场中间的玫瑰花坛，但并没有大盗巴德的踪迹。皮豆难掩失望："会不会是我们找错了地方？已经过去半小时了，怎么还没人出现？"

这时候突然刮起一阵大风，大家都被吹得东倒西歪，纷纷举起

手挡住眼睛。

　　强风过了，大家睁开眼睛，看到一个有眼睛、有嘴，长得很可爱的毛绒球在地上一弹一弹地跳着。

　　毛绒球一边跳，一边嘴里喊着："巴德！巴德！"

　　十一不敢相信地说："难道这就是大盗巴德？一个会跳的毛绒球？"

　　怪怪老师摇摇头："不对啊，我听说大盗巴德是个很英俊的年轻男子，不应该是这个样子的。"

　　毛绒球一边叫着巴德，一边转身跳进他们身后的正方形花坛。花坛是格子状的，每个格子里四朵玫瑰，横竖各十个格子。

　　皮豆开口问："我们要不要跟上去？说不定跟着它就能找到巴德。"

　　怪怪老师看没有别的线索了，就跟同学们追向毛绒球，可是毛绒球比他们跑得快多了。

毛绒球突然从花坛的左下角跳了起来，嘴里喊着："巴德！"

大家立刻冲进花坛跑到第一个格子那儿，却发现毛绒球根本不在那儿！刚有些失望，他们身后又响起了"巴德"的喊声。大家一回头，看见毛绒球从右上角那个格子跳起来。

可等到大家气喘吁吁跑过去，毛球又不见了。它又从左上角的格子那儿跳起来，嘴里"巴德！巴德！"地喊着。大家又跑到左上角，可依旧没有抓住它。

大家实在是累得不行了，皮豆干脆坐在了地上，哀号道："不，不行了，我实在是太累了，照这样下去我们永远也追不上它。"

女王提议道："要不然我们几个人分散开吧，这样追到它的概率还大一些。"

怪怪老师摇摇头，说："根据刚才的情况来看，那个毛绒球出现的时间很短，如果不能第一时间抓住，恐怕还是不行。"

皮豆一跺脚，说道："唉！要是我们能知道它下一次出现在哪里就好了。"

怪怪老师恍然大悟："我有个提议，我们再追它几次，努力发现它出现的规律，这样就能预知它下一次出现的位置，提前埋伏。"

博多说："那我们需要分工，有人负责记录毛绒球出现的位置，有人负责追。"

怪怪老师一本正经地说："我的身高最高，看毛绒球的位置最清楚，当然是我负责记录，你们负责追了。"

皮豆一副看穿怪怪老师的表情："怪怪老师，你就是想偷懒吧！"还没等怪怪老师回答，毛绒球又在左下角跳起来："巴德！巴德！"

大家又往右上角和左上角各追了一次。女王气喘吁吁地问："怪怪老师，找出规律来了吗？"

怪怪老师拿着纸和笔，看着自己画的表格，一副若有所思的样子。突然，怪怪老师对着皮豆他们大喊："啊，找到规律了！蜜蜜，你和女王、博多、十一去右下角从下往上、从右往左数都是第二格的地方！皮豆，你自己一个人去左下角从下往上、从左往右数都是第三格的位置。我有信心，这次一定能抓到那个毛绒球！"

大家按照怪怪老师说的，分别奔向自己的位置。正在女王和蜜蜜疑惑为什么没有看到毛绒球身影的时候，皮豆就跳了起来，举起

手中的毛绒球欢呼道："我抓到它了！我抓到它了！"

女王拍手称赞："怪怪老师让我们多数人去错的地方骗过毛绒球，而让皮豆自己去它下一次出现的地方埋伏，果然是好计谋！怪怪老师，你是怎么推测出毛绒球下一次出现的位置的？"

怪怪老师把刚才画的图拿给大家看。皮豆说道："啊，原来是这样！毛绒球的运动规律是左下、右上、左上、左下。按照这个规律，下一次确实就会出现在我刚才站的那个地方。原来找规律是这么好玩的事情！"

怪怪老师说："看来这是巴德有心在出题目考验我们了，如果毛绒球无规律乱跳，我们就真的要累死都追不上它了。"

于是大家一齐看向那个毛绒球，只见蜜蜜怀里的毛绒球突然跳上天空炸开一阵烟雾，大盗巴德就这样出现在大家中间。大盗巴德穿着红色的西服，戴着礼帽，一副绅士的样子，脖子上就带着那个

AR
扫一扫，看动画

"太阳之神"。

"你就是大盗巴德？"同学们惊讶地问道。

巴德点点头，说："我就是巴德，你们竟然能破解我留下的线索，真是不简单。"

蜜蜜小声和女王耳语："女王你看，他脖子上挂的那个好像就是'太阳之神'，真的好漂亮，像太阳一样闪耀。"

博多上前一步，响亮地说道："大盗巴德，我们破解了你的线索，现在也和你见了面，那你是不是应该依照承诺，把'太阳之神'归还呢？"

巴德一只手拿起闪闪发光的"太阳之神"，说道："稍后我会亲自把这块宝石还回博物馆的。这次你们解开了线索，那就下一次再较量吧！"

说完他打了个响指，消失在了空气中。

同学们看他这么快地消失，甚至都没有看清"太阳之神"的样子，心中都无比失望。

怪怪老师对大家说："不管怎么样，'太阳之神'能够回到博物馆最重要。"虽是这么说，但怪怪老师早在巴德出现之时就偷偷报了警。

皮豆他们赶到了博物馆，果然看见博物馆门口工作人员聚集在一起高兴的样子。"太阳之神"回来了。

皮豆欢呼道："太好了！怪怪老师，你不是说你那儿有找规律题目的合集吗？我要多多练习，下次大盗巴德再出现的时候，我要第一时间解出他的线索！"

皮豆不知道，他现在正在警车中，要为自己的行为付出代价了。

脑力大冒险

请将最后一个图中的数字补全：

第十一章

记忆的星河

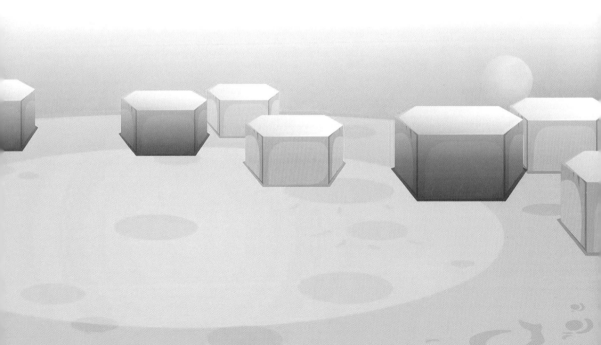

"皮豆！下课了，我们一起去踢足球吧？你怎么了，怎么好像不开心的样子？"下课后，十一从操场跑回教室，想找皮豆一起踢球，但是看到皮豆闷闷不乐地趴在桌子上。

"今天是我们最后一节数学课了，不知道去了初中以后，还能不能遇到怪怪老师那么好的数学老师啊。"皮豆蔫蔫地说。

女王听见了，对皮豆说："既然这样，我们更要打起精神来上最后一节课，给怪怪老师和所有人都留下一个美好的回忆。"

这时候上课铃声响起，大家都回到自己的座位上，怪怪老师走进来一本正经地对大家说："大家好，今天是我们的第一节数学课。"

"咦？怎么回事，不是最后一课吗？怎么成第一节课了？"

"是我听错了吗？"

同学们议论纷纷。

怪怪老师似乎没听到大家的议论，继续认真地说："今天我们学习的，是十以上加法的计算方法。"

"报告老师，这不是一年级的内容吗？我们早就学过了。"皮豆直接站了起来。

怪怪老师的表情有些茫然："什么？你们现在不是一年级吗？"

"我们已经六年级了！"同学们齐声回答。

"而且今天是我们的最后一节数学课！"博多补充道。

怪怪老师听了大惊失色："什么？"

皮豆以为怪怪老师又在故意逗大家开心，做了个鬼脸："怪怪老师，你还记得我是谁吗？"

怪怪老师皱了皱眉头："你没有介绍过自己，我怎么知道你是谁？"

这时候蜜蜜反应过来："怪怪老师不会是像电视剧里演的那样，失忆了吧？"

"我看很像。"女王也看着怪怪老师若有所思，"怪怪老师，我们觉得你失忆了。"

怪怪老师挠挠后脑勺："我失忆了？"

"怪怪老师，你有恢复记忆的魔法吗？"

"魔法是什么？"怪怪老师更纳闷了。

听语气，怪怪老师不像在和大家开玩笑，蜜蜜着急了："完了，怪怪老师连自己会使用魔法的事都不记得了，现在怎么办？"

"大家别担心，我有办法！"一个声音从皮豆的书包里传出来，紧接着，乌鲁鲁跳出来站在了讲桌上，"就由我先带大家去怪怪老师的记忆宇宙看看到底发生了什么事，再想怎么帮他恢复记忆吧！"

"看我的！"只见乌鲁鲁跳了起来，在半空中转了个圈，发出七彩的光，把所有同学都笼罩在里面，然后大家就化成一道光束飞入了怪怪老师的脑袋里。大家穿过一个隧道，来到一片好似宇宙的空间里，四周飘散着很多发着白光的石头。乌鲁鲁指着这些石头为大家介绍："这里就是怪怪老师的记忆空间，储存着他所有的记忆。"

"哇，怪怪老师的记忆空间原来是这样的，那些记忆石头像美丽的星河！" 大家四处散开参观，发现每个发着白光的石头上都有一段影像。

这时，女王看到有一块石头黯淡无光，而且上面的影像也是静止的画面，急忙回头喊其他人。大家都聚了过来，博多认出了石头上的画面："咦，这不是怪怪老师那次把我们的教室变成饭桶的情景吗？"

这时候皮豆指了指不远处，说："你们看，那边也有一块不发光的石头！"

乌鲁鲁恍然大悟："看来这些不发光的石头就是怪怪老师失去的记忆片段，这些记忆片段影响了整个记忆空间的正常运转。只要将石头重新点亮，怪怪老师就能找回记忆。"

"那怎么才能点亮这些石头呢？"蜜蜜为难地说。

"据我所知，像怪怪老师这样的阿瓦星人的记忆片段都是由一

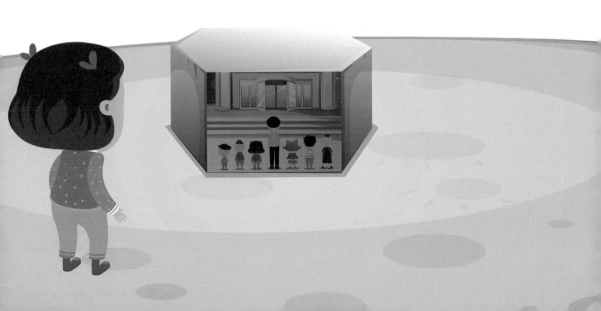

个记忆点控制的，只要能说出那段记忆中最重要的点，就能成功将这个记忆片段唤醒。就拿这块石头举例，你们当时在变成了饭桶的教室里，有什么印象深刻的事吗？"乌鲁鲁想了想说。

大家都陷入了冥思苦想。皮豆挠着头说："虽然每一次的冒险经历都无比精彩，但我们也不可能记住所有的细节，每次记得最牢的，大概就是在冒险中学习到的知识点。"

"那就用知识点试试！"乌鲁鲁眼镜一亮。

蜜蜜缓慢地说："我记得那是三年级时候的事，怪怪老师通过把我们的教室变成了饭桶，教给了我们什么叫质量，克、千克和吨之间的关系以及换算公式。"

"大家看，石头有变化了！"这时候十一突然大叫一声。大家都看向那块石头，只见刚才还黯淡的石头突然开始发光，静止的画面也随之流动起来。

"果然知识点就是点亮记忆之石的记忆点。我们现在只需找到记忆空间中所有黯淡的石头，把它们点亮，就能帮怪怪老师找回所有的记忆了！事不宜迟，我们快点儿行动吧！"女王发号施令了。

　　大家全都朝四周散开，寻找不发光的石头。皮豆率先找到了一块："我记得，这是我们第一次参加跳蚤市场时的情景，怪怪老师通过让我们在市场中买东西来认识人民币。常见的人民币面值有一角、五角、一元、五元、十元、二十元、五十元和一百元。"说完，记忆石头亮了，凝固的画面也开始流动，皮豆高兴地跳了起来。

　　女王也有收获，她看到一块石头上静止的画面是一条毛毛虫正要掉进皮豆的领子。"哈哈哈哈！这个我记得！一只毛毛虫掉进了皮豆领子里，是小黄鸟帮他把虫子取出来的！那次我们学习了混合运算的顺序，那就是先括号，再乘除，最后加减！"这块石头也亮了起来。

　　"这块石头上的画面应该是仙女村，我们在仙女村，不仅学会了线段、射线和直线的特点和区别，还吃到很多美食。"胖大力一

想到美食，就特别活跃。又一块石头亮了。

博多正在寻找下一块石头，却看见不远处的皮豆愁眉不展。"怎么了皮豆？"

"博多，你来得正好，快帮我想想这个知识点，我怎么都想不起来了！"

博多低头看了一眼石头上的画面，说："这不是你生病的那次吗？全班同学去你家里看望你。"

"我想起来了，那次我们学习了除法的计算方法，还吃到了很多好吃的水果！"

最后一块不发光的石头被蜜蜜找到了："这是前几天我们寻找大盗巴德的时候女王绘制的折线图，绘制折线图的方法是先画出坐标轴，确定坐标轴的名称、单位、标记刻度，最后根据数值描点，将点与点之间连起来。"

　　所有的石头都亮了起来，同学们聚在一起。女王擦着头上的汗说："我们已经把所有的石头都点亮了，现在怪怪老师的记忆应该都回来了！"

　　"干得好！同学们，你们不仅帮我找回了不小心遗失的记忆，还让我又多了一份美好的回忆。虽然这是我们最后一节数学课，但希望大家今后不论是在学习还是在生活中，都能随时随地运用数学知识解决问题，永远保持一颗热爱数学的心，让数学永远留在大家身边，好不好！"怪怪老师微笑着出现在同学们面前。

　　"好！"同学们一拥而上，团团抱住了怪怪老师。

第21页：

$45 \times 102 = 45 \times (100+2) = 45 \times 100 + 45 \times 2 = 4590$；

$25 \times 44 = 25 \times (40+4) = 25 \times 40 + 25 \times 4 = 1100$；

$81 + 9 \times 91 = 9 \times 9 + 9 \times 91 = 9 \times (9+91) = 9 \times 100 = 900$

第32页：

0.6、$\dfrac{3}{5}$；50%、$\dfrac{1}{2}$；80%、0.8

第45页：

1；2；3；4

第110页：

$5 \times \dfrac{1}{4} + 3 \times \dfrac{1}{4} + 4 \times \dfrac{1}{4} = \dfrac{1}{4} \times (5+3+4) = 3$

第125页：

小圆外四个数字之和为等差数列，小圆中数字为等差数列。